Themenheft 1 2 3

Rechnen bis 10

Die Zahlen-Dreher

erarbeitet von
Jörg Krampe und Rolf Mittelmann

illustriert von Antje Keidies

Oldenbourg

Inhaltsverzeichnis

Der Zahlenraum bis 10

Plusaufgaben bis 10

Minusaufgaben bis 10

Gemischte Aufgaben

Lösungsheft

Auf einen Blick: Das Zahlenhaus

LH S. 1

Zählen und aufschreiben

1 a) Was siehst du? Erzähle.

b) Wie viele? Zähle mit Strichen.

c) Von was gibt es genau 4? Kreise ein.

2 Male die richtige Anzahl.

3 	6 	8 	5 

① Spure nach. Achte auf die Farben.

② Schreibe weiter.

1	1			
2	2			
3	3			
4	4			
5	5			

6	6			
7	7			
8	8			
9	9			
0	0			

1	0	1	0						

Fertig? Trage unter die Zahl im Farbfeld und hinten im Heft den passenden Buchstaben ein.

Kleiner – größer – gleich

1 Setze die Zahlen ein. Vergleiche mit (<), (>), (=).

3 ◯ ___ ___ ◯ ___ ___ ◯ ___ ___ ◯ ___

2 Setze ein: (<), (>), (=).

3 ◯ 4	8 ◯ 10	6 ◯ 3	7 ◯ 10
3 ◯ 3	10 ◯ 9	4 ◯ 9	4 ◯ 0
3 ◯ 2	10 ◯ 10	8 ◯ 8	5 ◯ 5

3 Male alle passenden Zahlenfelder aus.

a) 4 (<) [blau]

b) [gelb] (<) 6

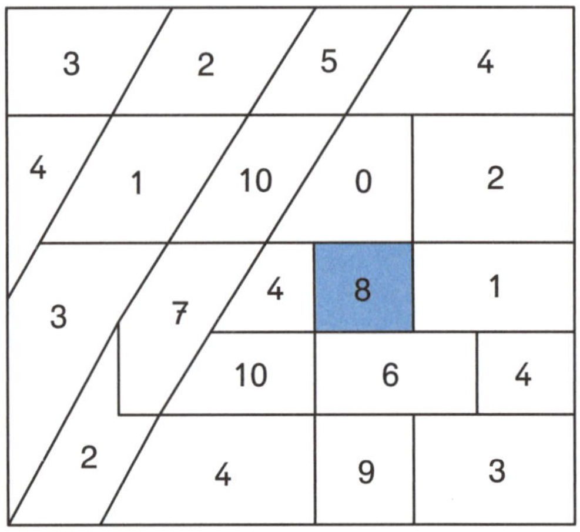

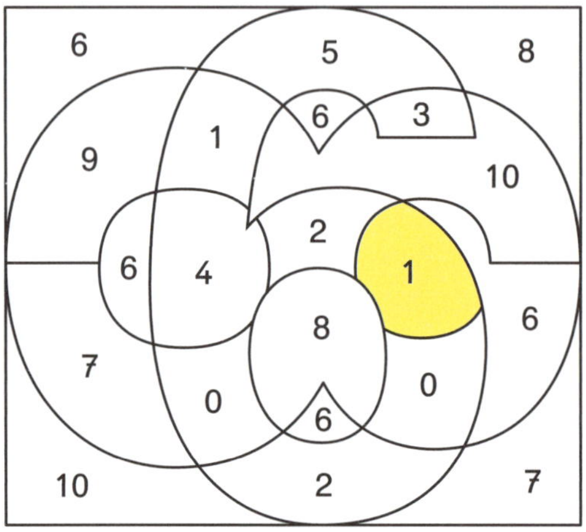

4 Ergänze.

a) 2 < ___ < ___ < ___ < ___ < ___ < 8

b) 10 > ___ > ___ > ___ > ___ > ___ > 4

1 Ergänze.

2 Verbinde der Reihe nach von 1 bis 10.

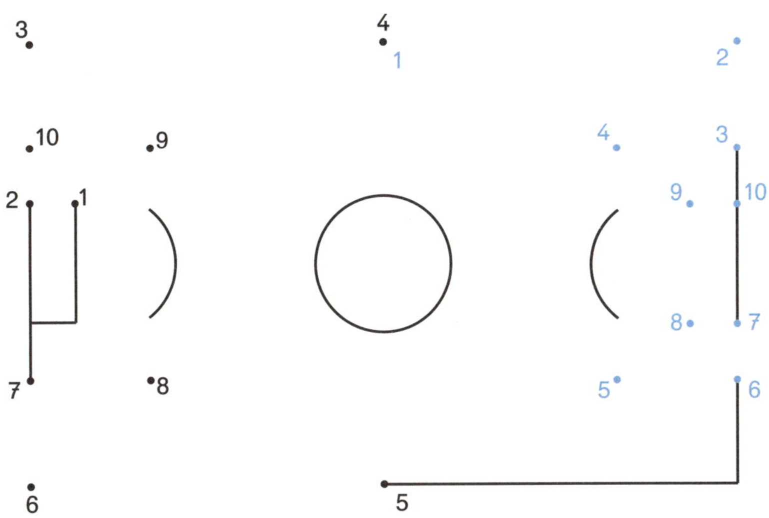

3 Schreibe den Vorgänger (V) und den Nachfolger (N) auf.

2, 4, 4, 6, 6, 8, 8, 10

V	Zahl	N
	3	
	5	
	7	
	9	

0, 1, 2, 3, 3, 5, 5, 7

V	Zahl	N
	2	
	1	
	6	
	4	

1, 2, 6, 7, 7, 8, 8, 9

V	Zahl	N
5		
		10
0		
		9

① Nummeriere die Bälle. Schreibe dann die passenden Zahlen auf.

1. 2.

1. ___ ___ ___ 2. ___ ___ ___ ___ ___ ___ ___

② Male die Kegel an.

1., 3., 6., 10.
4., 5., 8.
2., 7., 9.

③ Male farbig an. Was fällt dir auf?

2. Reihe, 4. Platz	4. Reihe, 8. Platz	3. Reihe, 5. Platz
3. Reihe, 3. Platz	2. Reihe, 6. Platz	3. Reihe, 4. Platz
4. Reihe, 2. Platz	5. Reihe, 9. Platz	3. Reihe, 6. Platz
5. Reihe, 1. Platz	3. Reihe, 7. Platz	1. Reihe, 5. Platz

① Wie viele sind es? Zähle mit Strichen.

② (>), (<), oder (=)?

a) 4 ◯ 2
4 ◯ 3
4 ◯ 4

b) 6 ◯ 8
8 ◯ 6
10 ◯ 1

③ Trage ein.

a) 7 > ___ > 5
5 < ___ < 7
7 < ___ < 9

b) 0 < ___ < 2
1 < ___ < 3
3 > ___ > 1

④ Verbinde der Reihe nach.

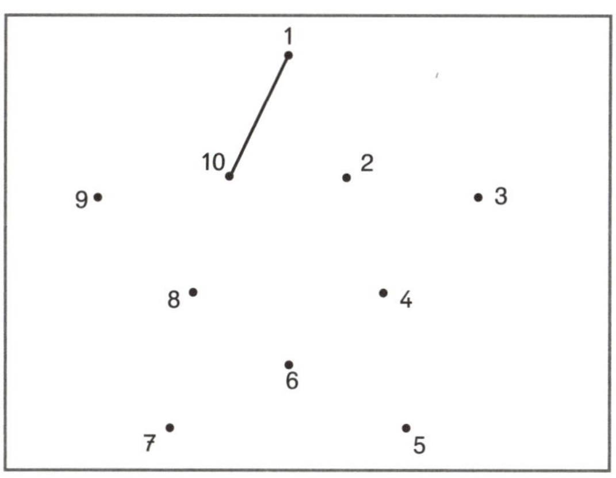

⑤ Ergänze Vorgänger (V) und Nachfolger (N).

V	Zahl	N
5		
		10
2		
		6
0		

⑥ Male passend an.

3., 5., 9. Auto
2., 8. Auto
1., 4., 7. Auto
6., 10. Auto

Die Zahlen bis 5 zerlegen

① a) Was passt zusammen? Verbinde.

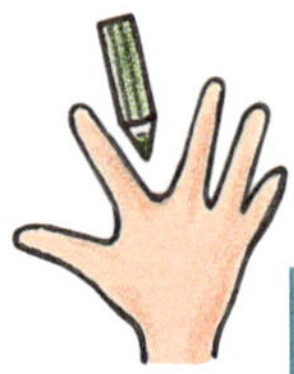
a

b

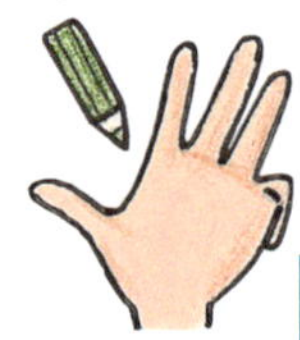
c

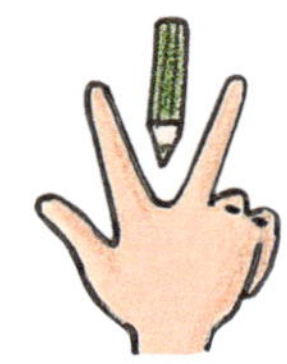
d

4	3	5	2
1 + 3	2 + 1	2 + 3	2 + 0
		F	

b) Hast du richtig verbunden?
Schreibe für jede Zahl im Farbfeld
den passenden Buchstaben.
Dann erhältst du ein Lösungswort.

F			
a	b	c	d

Hier brauchst du die Drehscheibe.

② Zerlege und schreibe auf.

2

___ + ___

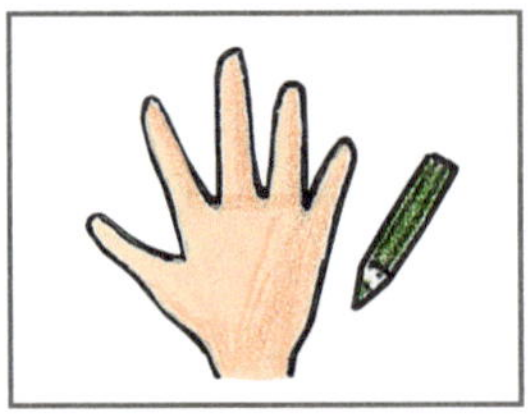

5

___ + ___

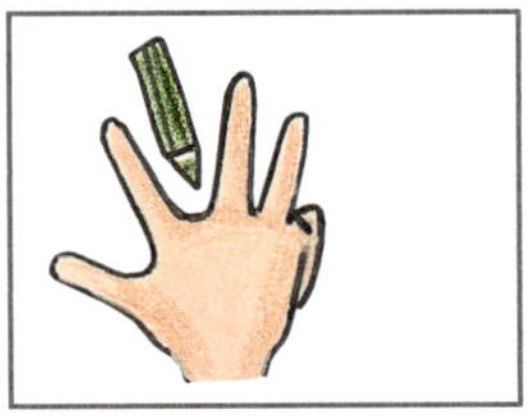

4

___ + ___

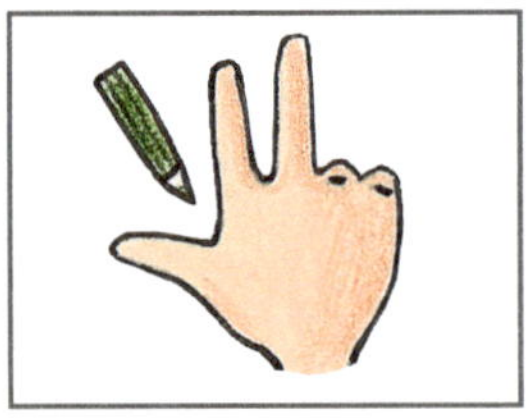

3

___ + ___

③ Zeichne den Stift selbst ein.

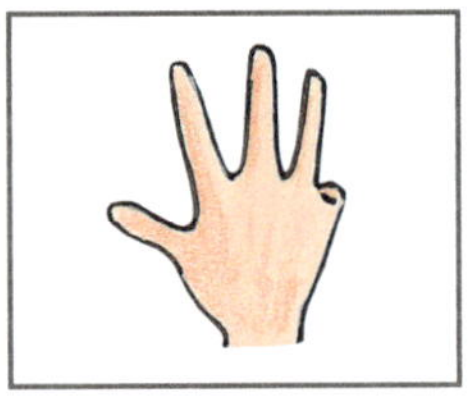

1 + 3

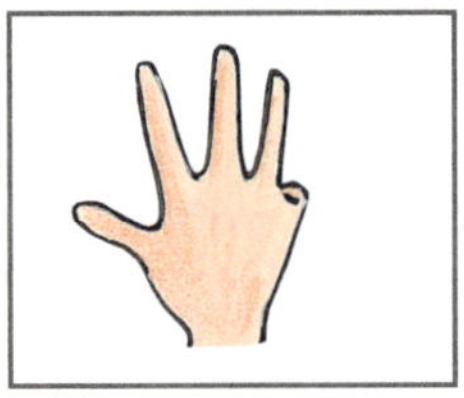

4 + 0

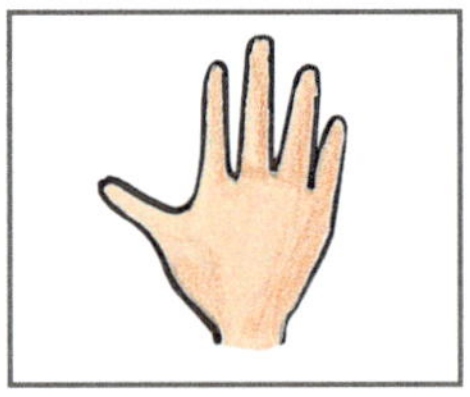

1 + 4

1 a) Zerlege und schreibe.

4 + ___

___ + ___

___ + ___

___ + ___

___ + ___

___ + ___

b) Welche Zahlen fehlen?

___ + ___

___ + ___

___ + ___

2 Zerlege immer 10. Achte auf die Farben.

a)

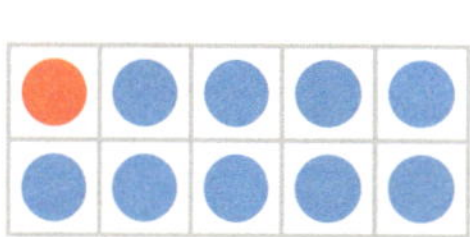
1 + ___

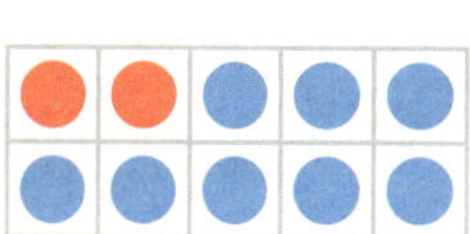
___ + ___

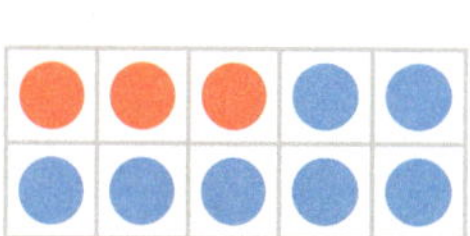
___ + ___

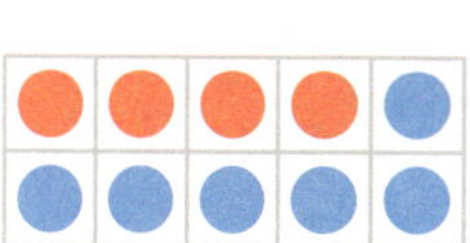
___ + ___

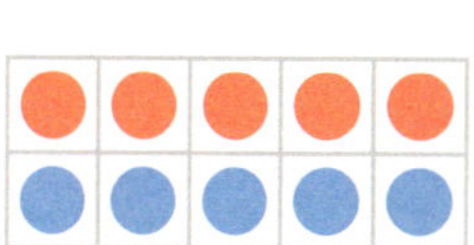
___ + ___

b)

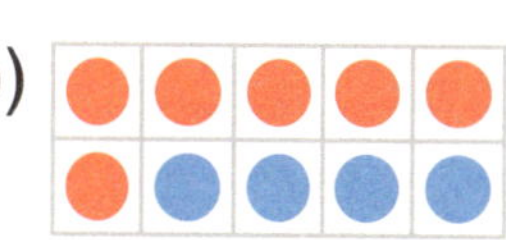
___ + ___

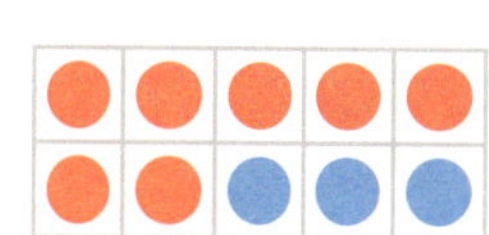
___ + ___

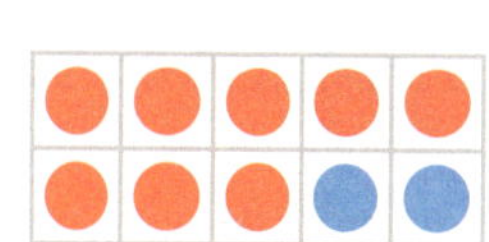
___ + ___

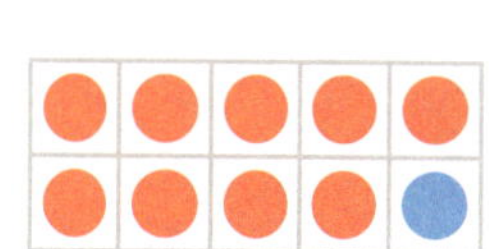
___ + ___

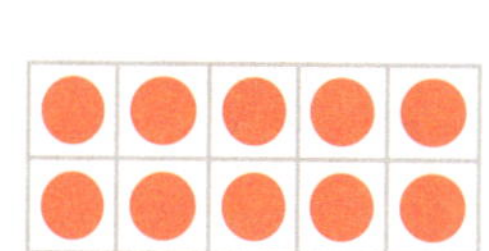
___ + ___

1 a) Es kommt immer etwas dazu. Schreibe und rechne.

3 + [1] = ___

4 + [ ] = ___

b) Es geht auch kürzer.

[ ] + ___ = ___ ___ + [ ] = ___

[1] [ ] [ ] [ ]

Lösungswort: P___ ___ ___ ___

2 Schau Paul an. Überlege.

___ + ___ + ___ = [ ]

1 Was passt zusammen? Verbinde und rechne.

4 + 3 = ___

3 + 1 = ___

2 + 4 = ___

5 + 2 = ___

2 Schreibe passende Plusaufgaben.

2 + ___ = ___

2 + ___ = ___

___ + ___ = ___

___ + ___ = ___

___ + ___ = ___

___ + ___ = ___

1 Rechne und male an.

a) 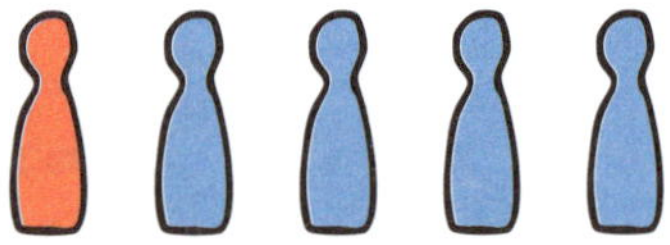

1 + 4 = ___

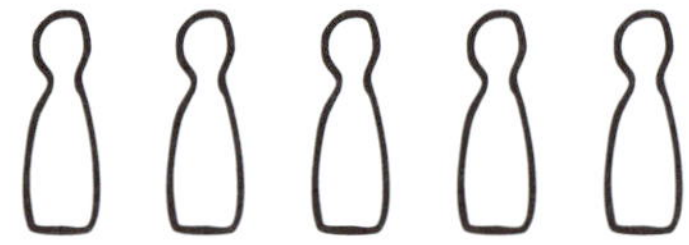

4 + 1 = ___

b) 

2 + 5 = ___

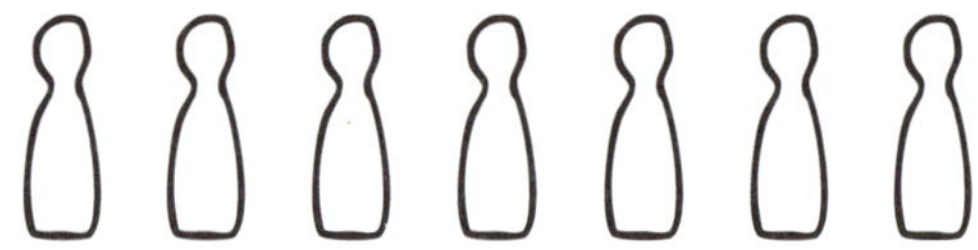

5 + 2 = ___

2 Schreibe Aufgabe und Tauschaufgabe. Male an.

a) 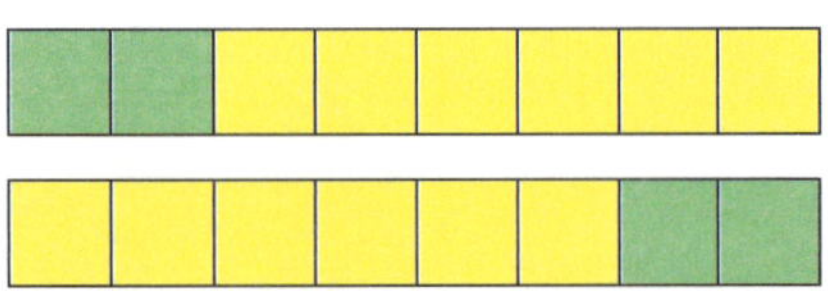

2 + 6 = ___
6 + ___ = ___

b) 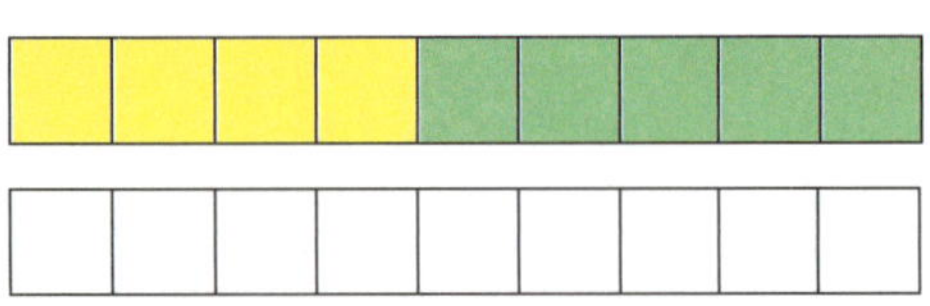

___ + ___ = ___
___ + ___ = ___

c) 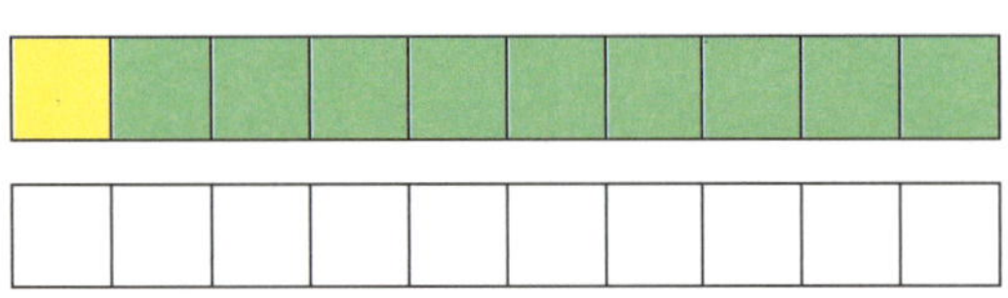

___ + ___ = ___
___ + ___ = ___

3 Suche alle eingesetzten Zahlen von oben. Male die Felder aus.

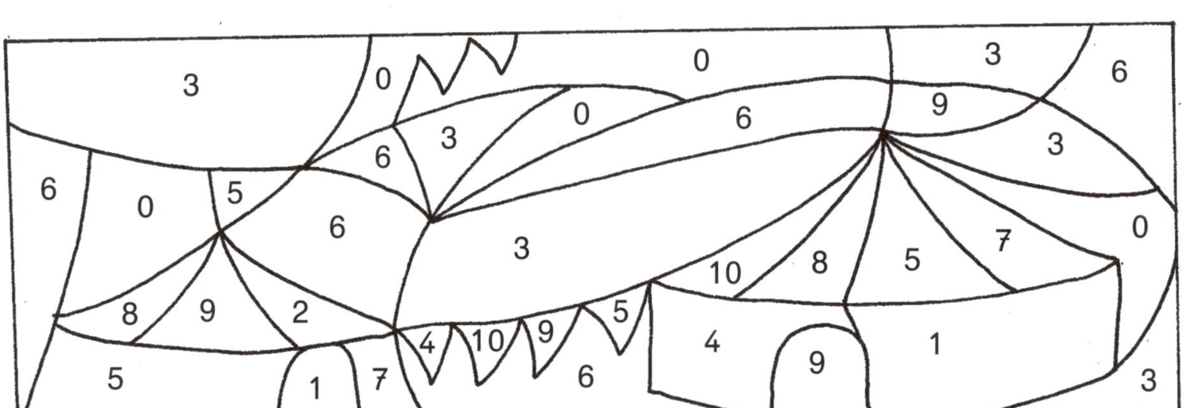

Die Zahlen 7 und 9 zerlegen

① Schreibe weiter und male passend an.

1 + 6 = 7
2 + 5 = 7
3 + ___ = 7
___ + ___ = 7
___ + ___ = 7
___ + ___ = 7
___ + ___ = 7

② a) Immer 9. Ergänze und male die zusammengehörenden Luftballons links und rechts in der gleichen Farbe an.

0 + 9 = 9
1 + 8 = 9
2 + ___ = 9
___ + ___ = 9
___ + ___ = 9
___ + ___ = 9
___ + ___ = 9
___ + ___ = 9
___ + ___ = 9
___ + ___ = 9

b) Vergleiche die Farben links und rechts. Was fällt dir auf? Kreuze an.

- ☐ Die Farben sind wie im Spiegel.
- ☐ Die Farben sind durcheinander.

Verdoppeln und halbieren

① Immer das Doppelte. Male und rechne.

2 + 2 = ___ ___ + ___ = ___ ___ + ___ = ___ ___ + ___ = ___

② Paul und Emma wollen teilen. Geht das immer?

6 = 3 + ______ 4 = ______ 7 = ______ 10 = ______

③ a) Immer die Hälfte. Die Zahlen ergeben ein schönes Wort.

Zahl	10	8	4	6		
die Hälfte	5					
Lösungswort					E	N

b) Fünf Zahlen kannst du nicht halbieren. Streiche sie durch.

④ Rechne und entschlüssle.

3 + 3 =		
4 + 4 =		
2 + 2 =		
	1	P
1 + 1 =		

2 = 1 +		
8 = 4 +		
	8	U
10 = 5 +		
4 = 2 +		

Zahlenmauern

1 Rechne.

☐
2 ☐
2 | 0 | 3

Zielzahlen: 5, 8, 9

☐
☐ ☐
2 | 2 | 2

☐
☐ ☐
4 | 2 | 1

2 Welche Zahlen fehlen?

10
☐ ☐
☐ ☐ ☐
☐ ☐ ☐ ☐
1 | 0 | 1 | 0 | 3

8
☐ ☐
☐ ☐ ☐
☐ ☐ ☐ ☐
1 | 0 | 1 | 0 | 1

3 Setze die Zahlen 1, 2 und 3 in der unteren Reihe in vertauschter Reihenfolge ein.

☐
☐ ☐
1 | 2 | 3

☐
☐ ☐
3 | ☐ | ☐

☐
☐ ☐
☐ ☐ ☐

☐
☐ ☐
☐ ☐ ☐

☐
☐ ☐
☐ ☐ ☐

☐
☐ ☐
☐ ☐ ☐

größte Zielzahl: ____ → Zahl in der Mitte unten: ____

kleinste Zielzahl: ____ → Zahl in der Mitte unten: ____

4 Denke dir eigene Zahlenmauern aus.

☐
☐ ☐
☐ ☐ ☐

☐
☐ ☐
☐ ☐ ☐
☐ ☐ ☐ ☐
☐ ☐ ☐ ☐ ☐

① a) Rechne und male an.

1 + 1 + 1 = 3

3 + 2 + 2 = ___

4 + 3 + 3 = ___

3 + 2 + 3 = ___

1 + 2 + 3 = ___

2 + 1 + 2 = ___

5 + 1 + 3 = ___

2 + 0 + 2 = ___

b) Von was träumt Eisbär Paul?
Verbinde die Ergebniszahlen
in der Reihenfolge der Aufgaben.

② Rechne und male an. Was siehst du?

Das Ergebnis ist 10.

Das Ergebnis ist 9.

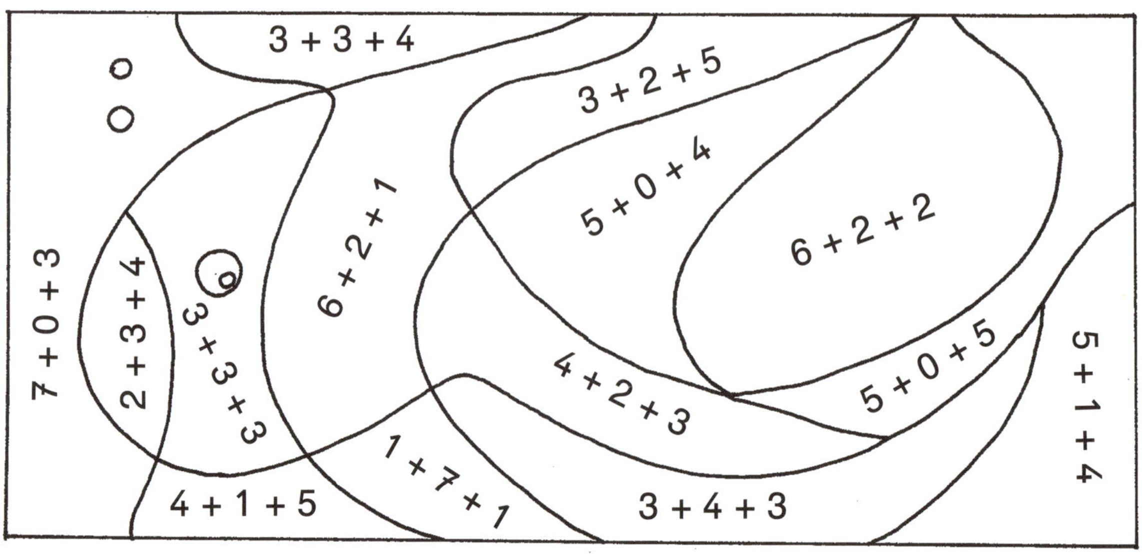

① Immer 6. Zerlege.

___ + ___   ___ + ___   ___ + ___

___ + ___   ___ + ___   ___ + ___   ___ + ___

② Wie heißen die Rechnungen?

___ + ___ = ___   ___ + ___ = ___   ___ + ___ = ___

③ Rechne und schreibe die Tauschaufgabe.

a)
3 + 4 = ___
___ + ___ = ___

2 + 6 = ___
___ + ___ = ___

5 + 4 = ___
___ + ___ = ___

b)
5 + 1 = ___
___ + ___ = ___

2 + 7 = ___
___ + ___ = ___

4 + 6 = ___
___ + ___ = ___

④ a) Verdopple.

3	5	1	4	2

b) Halbiere, wenn möglich.

1	2	3	4	5	6	7	8	9	10
–									

⑤ Ergänze.

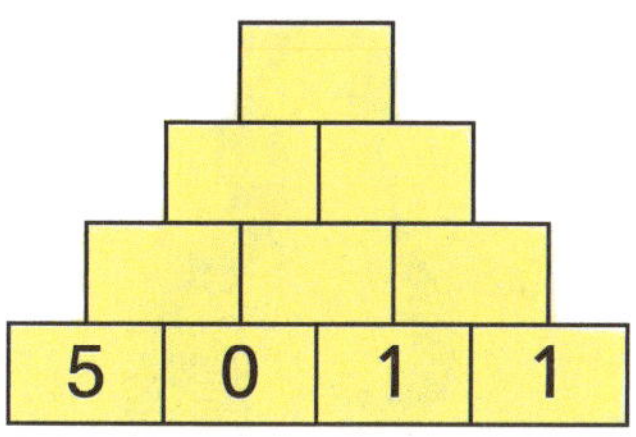

⑥ Rechne.

1 + 1 + 1 = ___

2 + 2 + 2 = ___

4 + 4 + 2 = ___

4 + 3 + 2 = ___

① Wie viel bleibt übrig? Rechne und male die fehlenden Bilder.

Am Anfang …	Dann …	Am Ende …
		?
6	− ___	= ☐
		?
___	− ___	= ☐

②

___ − ___ = ☐	___ − ___ = ☐	___ − ___ = ☐

___ − ___ = ☐	___ − ___ = ☐	___ − ___ = ☐

③ Was isst Emma gern? Trage die Ergebnisse von oben ein und entschlüssle die Geheimschrift.

3							
A							

(zum Herausnehmen die mittlere Klammer lösen)

Zählen und aufschreiben
LH S. 1

1 a) Was siehst du? Erzähle.

b) Wie viele? Zähle mit Strichen.

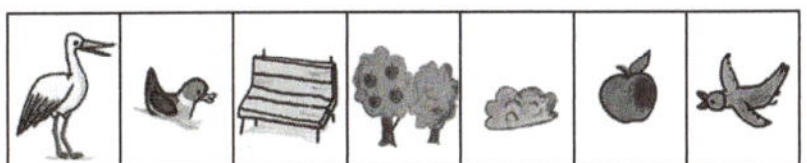

I	III	II	𝍸	𝍸 II	𝍸 III	𝍸 I

c) Von was gibt es genau 4? Kreise ein. 4 Kinder

2 Male die richtige Anzahl.

3	6	8	5

Zahlen schreiben
LH S. 1

1 Spure nach. Achte auf die Farben.

2 Schreibe weiter.

1	1	1	1	1	6	6	6	6	6
2	2	2	2	2	7	7	7	7	7
3	3	3	3	3	8	8	8	8	8
4	4	4	4	4	9	9	9	9	9
5	5	5	5	5	0	0	0	0	0

10	10	10	10	10

Fertig? Trage unter die Zahl im Farbfeld und hinten im Heft den passenden Buchstaben ein.

1 P

Kleiner – größer – gleich
LH S. 1

1 Setze die Zahlen ein. Vergleiche mit <, >, =.

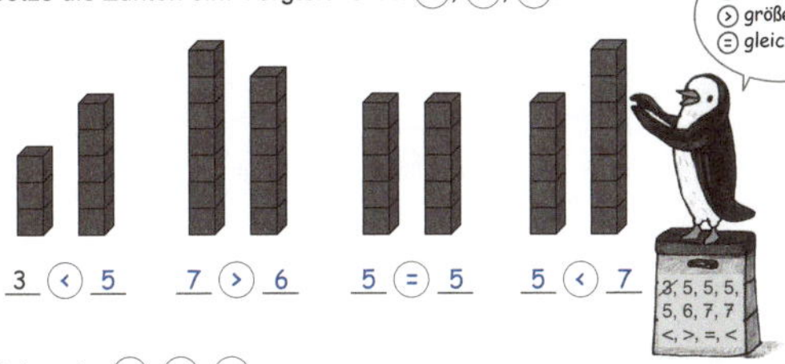

3 < 5 7 > 6 5 = 5 5 < 7

2 Setze ein: <, >, =.

3 < 4	8 < 10	6 > 3	7 < 10
3 = 3	10 > 9	4 < 9	4 > 0
3 > 2	10 = 10	8 = 8	5 = 5

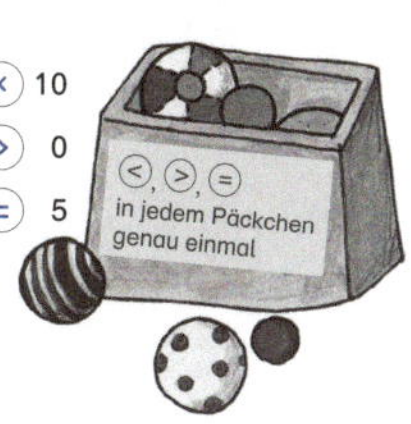

3 Male alle passenden Zahlenfelder aus.

a) 4 < blau

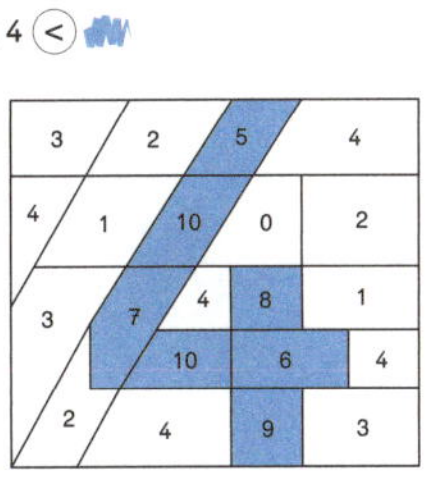

b) gelb < 6

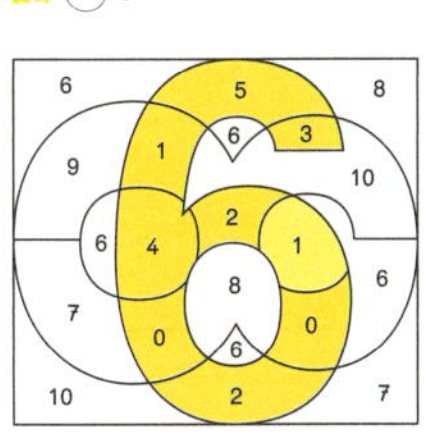

4 Ergänze.

a) 2 < 3 < 4 < 5 < 6 < 7 < 8

b) 10 > 9 > 8 > 7 > 6 > 5 > 4

Vorgänger und Nachfolger
LH S. 1

1 Ergänze.

2 Verbinde der Reihe nach von 1 bis 10.

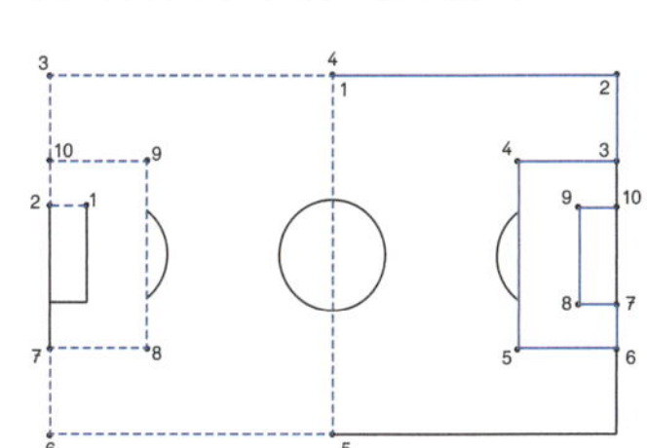

3 Schreibe den Vorgänger (V) und den Nachfolger (N) auf.

2, 4, 4, 6, 6, 8, 8, 10

V	Zahl	N
2	3	4
4	5	6
6	7	8
8	9	10

0, 1, 2, 3, 3, 5, 5, 7

V	Zahl	N
1	2	3
0	1	2
5	6	7
3	4	5

1, 2, 6, 7, 7, 8, 8, 9

V	Zahl	N
5	6	7
8	9	10
0	1	2
7	8	9

3 I

Ordnungszahlen
LH S. 2

1 Nummeriere die Bälle. Schreibe dann die passenden Zahlen auf.

1. | 2. | 3. | 4. | 5. | 6. | 7. | 8. | 9. | 10.

1. 6. 8. ___ | 2. 3. 5. 10. | 4. 7. 9. ___

2 Male die Kegel an.

- 1., 3., 6., 10.
- 4., 5., 8.
- 2., 7., 9.

3 Male farbig an. Was fällt dir auf? Die Zuschauer bilden ein A.

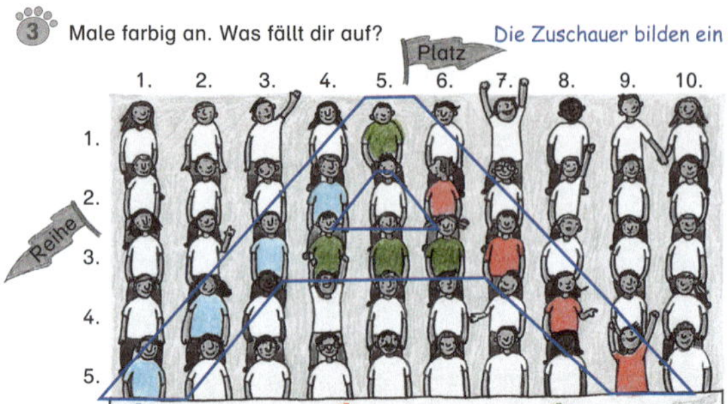

2. Reihe, 4. Platz	4. Reihe, 8. Platz	3. Reihe, 5. Platz
3. Reihe, 3. Platz	2. Reihe, 6. Platz	3. Reihe, 4. Platz
4. Reihe, 2. Platz	5. Reihe, 9. Platz	3. Reihe, 6. Platz
5. Reihe, 1. Platz	3. Reihe, 7. Platz	1. Reihe, 5. Platz

8

Die Zahlen bis 5 zerlegen
LH S. 2

1 a) Was passt zusammen? Verbinde.

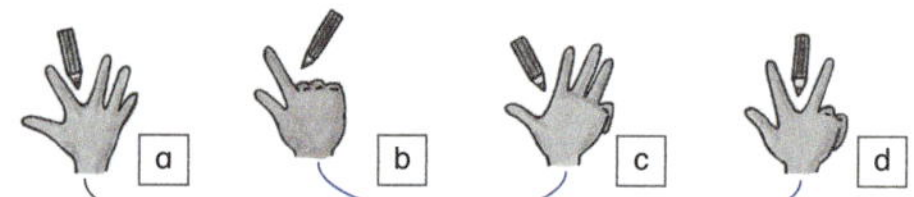

E	I	F	R
4: 1 + 3	3: 2 + 1	5: 2 + 3	2: 2 + 0

b) Hast du richtig verbunden?
Schreibe für jede Zahl im Farbfeld den passenden Buchstaben.
Dann erhältst du ein Lösungswort.

Hier brauchst du die Drehscheibe.

F (a) R (b) E (c) I (d)

2 Zerlege und schreibe auf.

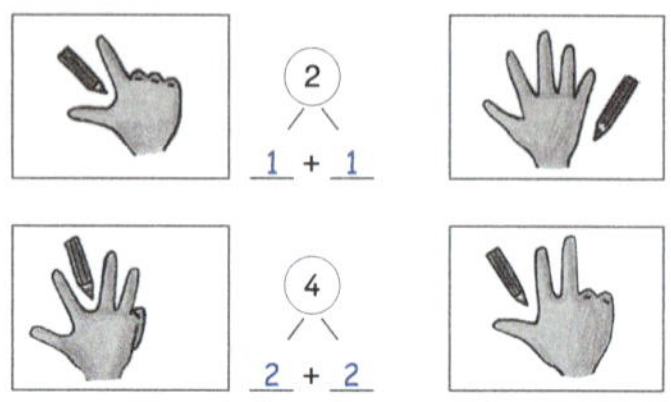

2: 1 + 1 | 5: 5 + 0 | 4: 2 + 2 | 3: 1 + 2

3 Zeichne den Stift selbst ein.

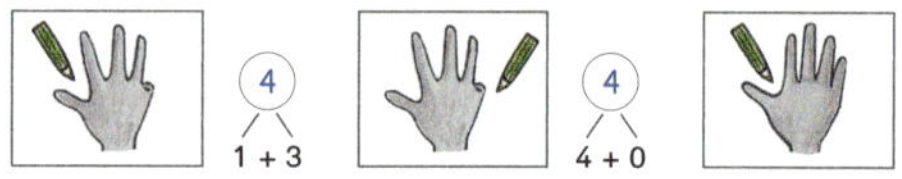

4: 1 + 3 | 4: 4 + 0 | 5: 1 + 4

10

Die Zahlen bis 10 zerlegen
LH S. 2

1 a) Zerlege und schreibe.

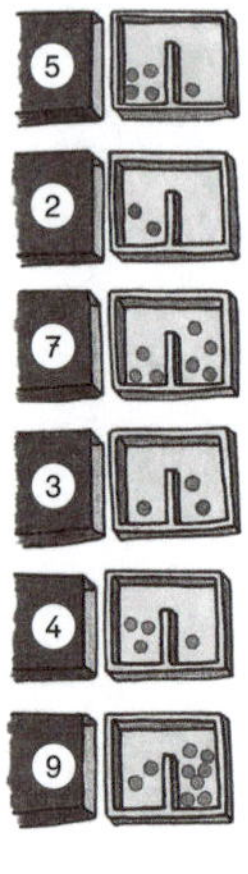

- 5: 4 + 1
- 2: 2 + 0
- 7: 3 + 4
- 3: 1 + 2
- 4: 3 + 1
- 9: 2 + 7

b) Welche Zahlen fehlen?

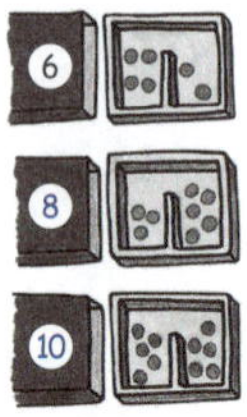

- 6: 4 + 2
- 8: 3 + 5
- 10: 5 + 5

2 Zerlege immer 10. Achte auf die Farben.

a)

- 1 + 9
- 2 + 8
- 3 + 7
- 4 + 6
- 5 + 5

b)

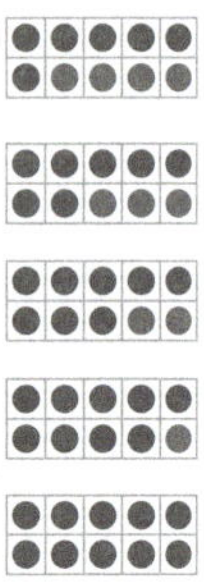

- 6 + 4
- 7 + 3
- 8 + 2
- 9 + 1
- 10 + 0

11

Vom Bild zur Aufgabe
LH S. 2

1 a) Es kommt immer etwas dazu. Schreibe und rechne.

3 + 1 = 4

4 + 3 = 7

b) Es geht auch kürzer.

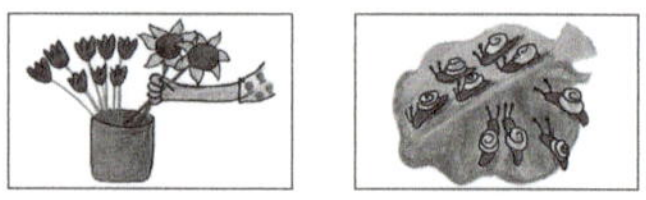

8 + 2 = 10 | 5 + 4 = 9

1	3	8	4
P	A	U	L

Lösungswort: P A U L

2 Schau Paul an. Überlege.
Der Buchstabe steht für die Zahl 7.

4 + 2 + 1 = 7

12

Plusgeschichten
LH S. 3

① Was passt zusammen? Verbinde und rechne.

4 + 3 = 7

3 + 1 = 4

2 + 4 = 6

5 + 2 = 7

② Schreibe passende Plusaufgaben.

2 + 3 = 5

2 + 1 = 3

4 + 4 = 8

4 + 1 = 5

1 + 2 = 3

5 + 3 = 8

3 S

Tauschaufgaben
LH S. 3

① Rechne und male an.

a) 1 + 4 = 5 4 + 1 = 5

b) 2 + 5 = 7 5 + 2 = 7

② Schreibe Aufgabe und Tauschaufgabe. Male an.

a) 2 + 6 = 8
6 + 2 = 8

b) 4 + 5 = 9
5 + 4 = 9

c) 1 + 9 = 10
9 + 1 = 10

③ Suche alle eingesetzten Zahlen von oben. Male die Felder aus.

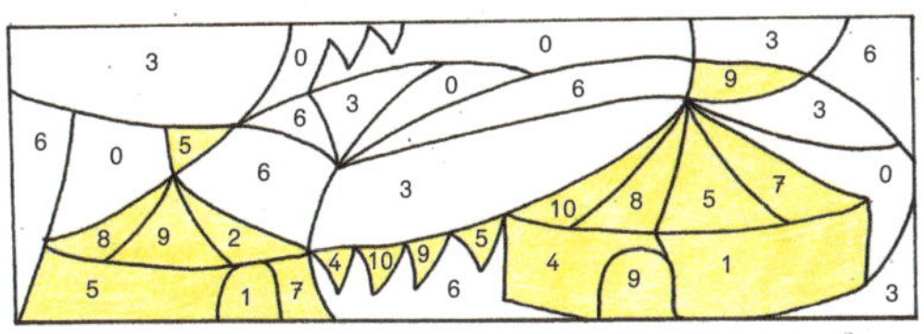

Die Zahlen 7 und 9 zerlegen
LH S. 3

① Schreibe weiter und male passend an.

1 + 6 = 7
2 + 5 = 7
3 + 4 = 7
4 + 3 = 7
5 + 2 = 7
6 + 1 = 7
7 + 0 = 7

② a) Immer 9. Ergänze und male die zusammengehörenden Luftballons links und rechts in der gleichen Farbe an.

0 + 9 = 9
1 + 8 = 9
2 + 7 = 9
3 + 6 = 9
4 + 5 = 9
5 + 4 = 9
6 + 3 = 9
7 + 2 = 9
8 + 1 = 9
9 + 0 = 9

b) Vergleiche die Farben links und rechts. Was fällt dir auf? Kreuze an.

☒ Die Farben sind wie im Spiegel.
☐ Die Farben sind durcheinander.

1 P

Verdoppeln und halbieren
LH S. 3

① Immer das Doppelte. Male und rechne.

2 + 2 = 4 1 + 1 = 2 3 + 3 = 6 4 + 4 = 8

② Paul und Emma wollen teilen. Geht das immer?

6 = 3 + 3 4 = 2 + 2 7 = geht nicht 10 = 5 + 5

③ a) Immer die Hälfte. Die Zahlen ergeben ein schönes Wort.

Zahl	10	8	4	6	
die Hälfte	5	4	2	3	
Lösungswort	F	E	R	I	E	N

b) Fünf Zahlen kannst du nicht halbieren. Streiche sie durch.

④ Rechne und entschlüssle.

3 + 3 = 6 T
4 + 4 = 8 U
2 + 2 = 4 L
1 P
1 + 1 = 2 E

2 = 1 + 1 B
8 = 4 + 4 L
8 U
10 = 5 + 5 M
4 = 2 + 2 E

Zahlenmauern
LH S. 4

① Rechne.

	5	
2	3	
2	0	3

Zielzahlen: 5, 8, 9

	8	
4	4	
2	2	2

	9	
6	3	
4	2	1

② Welche Zahlen fehlen?

10				
4	6			
2	2	4		
1	1	1	3	
1	0	1	0	3

8				
4	4			
2	2	2		
1	1	1	1	
1	0	1	0	1

③ Setze die Zahlen 1, 2 und 3 in der unteren Reihe in vertauschter Reihenfolge ein.

Die Reihenfolge der Mauern ist beliebig.

Mauer	Spitze	Mitte	Unten
1	8	3, 5	1, 2, 3
2	8	5, 3	3, 2, 1
3	7	4, 3	3, 1, 2
4	9	4, 5	1, 3, 2
5	7	3, 4	2, 1, 3
6	9	5, 4	2, 3, 1

größte Zielzahl: 9 ⟶ Zahl in der Mitte unten: 3

kleinste Zielzahl: 7 ⟶ Zahl in der Mitte unten: 1

④ Denke dir eigene Zahlenmauern aus.
Es sind verschiedene Lösungen möglich.
Beispiel:

	10	
5	5	
2	3	2

9				
4	5			
2	2	3		
1	1	1	2	
1	0	1	0	2

2 R

Plusaufgaben mit 3 Zahlen
LH S. 4

① a) Rechne und male an.

1 + 1 + 1 = 3
3 + 2 + 2 = 7
4 + 3 + 3 = 10
3 + 2 + 3 = 8
1 + 2 + 3 = 6
2 + 1 + 2 = 5
5 + 1 + 3 = 9
2 + 0 + 2 = 4

b) Von was träumt Eisbär Paul? Verbinde die Ergebniszahlen in der Reihenfolge der Aufgaben.

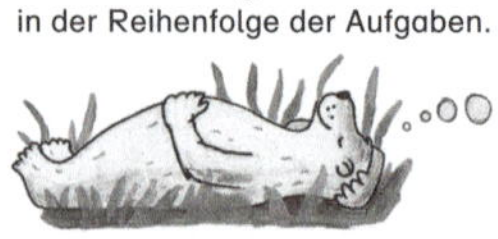

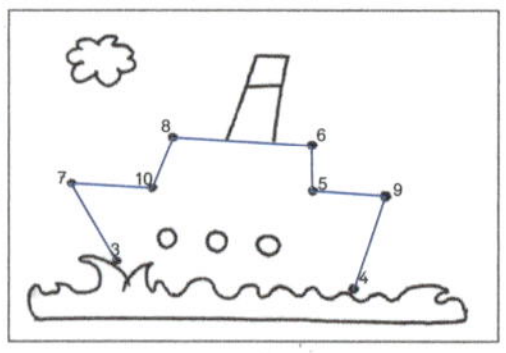

② Rechne und male an. Was siehst du?

Das Ergebnis ist 10. Das Ergebnis ist 9.

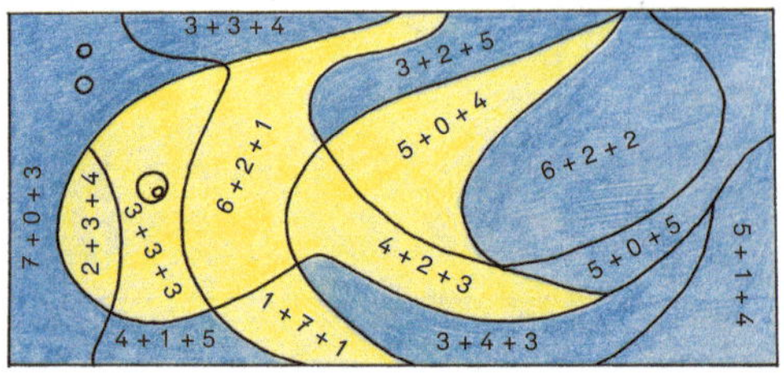

Minusbilder
LH S. 4

① Wie viel bleibt übrig? Rechne und male die fehlenden Bilder.

Am Anfang ... Dann ... Am Ende ...

6 ⊖ 3 = 3

4 ⊖ 3 = 1

②

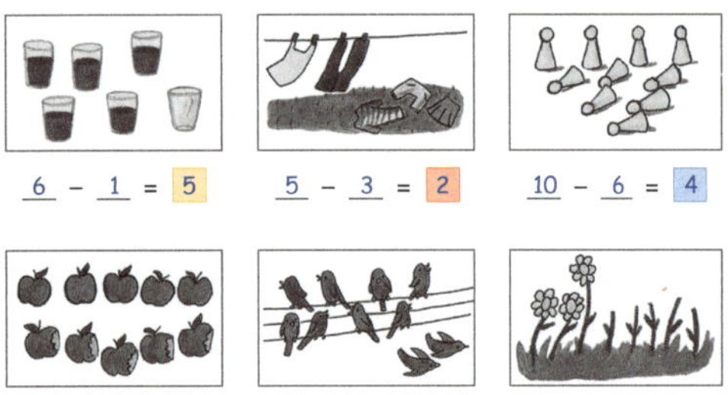

6 − 1 = 5 | 5 − 3 = 2 | 10 − 6 = 4

10 − 5 = 5 | 10 − 2 = 8 | 8 − 5 = 3

③ Was isst Emma gern? Trage die Ergebnisse von oben ein und entschlüssle die Geheimschrift.

3	1	5	2	4	5	8	3
A	P	F	E	L	M	U	S

Abziehen
LH S. 4

① Emma nimmt immer 3 weg. Wie viele sind es jetzt?

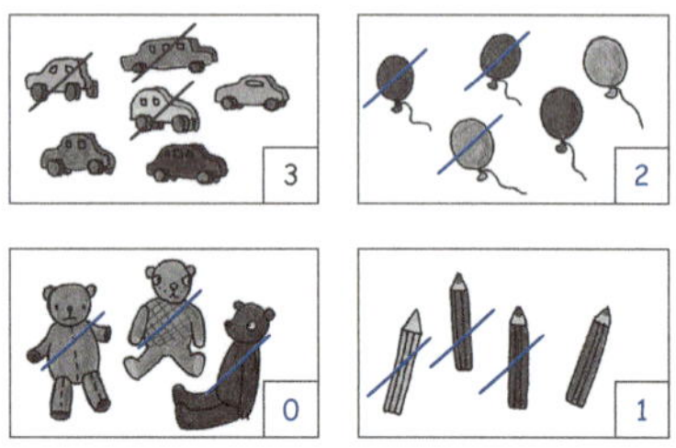

② Streiche durch und rechne.

4 − 3 = 1

10 − 4 = 6

8 − 1 = 7

3 − 3 = 0

7 − 5 = 2

9 − 4 = 5

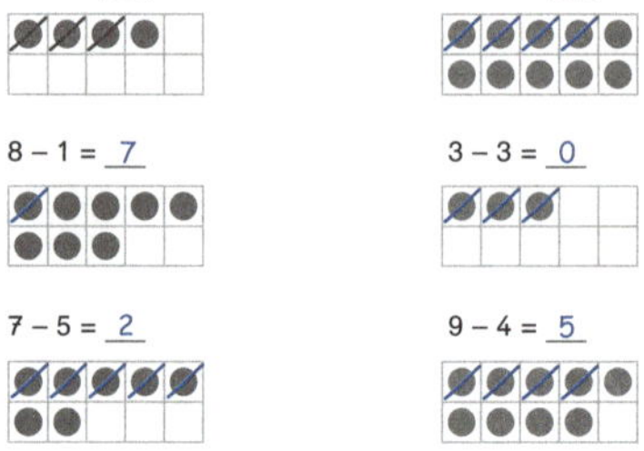

③ Male, streiche durch und rechne.

5 − 3 = 2

10 − 8 = 2

6 − 4 = 2

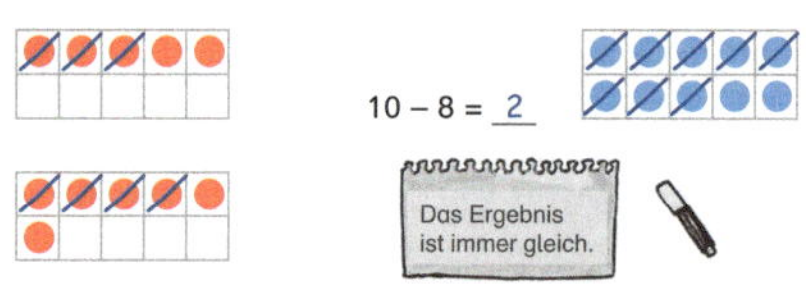

Das Ergebnis ist immer gleich.

5 A

Aufgaben finden und lösen

LH S. 5

1 Wie viel bleibt übrig? Schreibe passende Aufgaben zum Bild.

5 − 2 = 3 | 5 − 1 = 4

6 − 1 = 5 | 9 − 3 = 6

7 − 3 = 4 | 6 − 2 = 4

1, 2, 3, 3, 4, 5, 5, 6, 7 | 1, 2, 3, 4, 4, 5, 6, 6, 9

2 Für Mathe-Profis! Rechne in Schritten.

9 − 2 = ?
7 − 4 = ?

9 − 2 − 4 = 3	7 − 1 − 1 = 5
8 − 2 − 4 = 2	7 − 2 − 1 = 4
7 − 2 − 4 = 1	7 − 3 − 1 = 3

1, 2, 3, 3, 4, 5

22

Auf der Mathe-Wiese

LH S. 5

23

2 R

Spiel: Teichhüpfen

LH S. 5

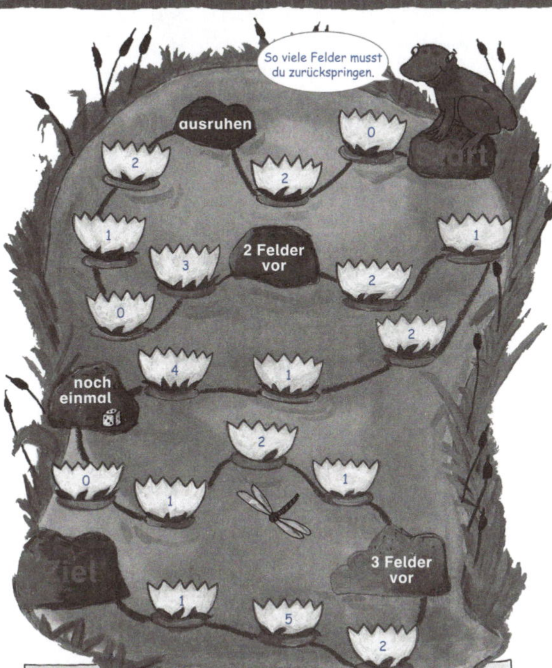

So geht's:

- Würfle. Setze der Augenzahl entsprechend vor.
- Löse im erreichten Feld die Aufgabe.
- Gehe so viele Felder zurück, wie das Ergebnis angibt.
- Würfle wieder.
- Wie viele Würfe brauchst du bis ins Ziel?

Mache hier für jeden Wurf einen Strich:

Tipp: Spiele auch mit mehreren Kindern. Wer erreicht als Erster das Ziel?

24

Rechnen mit Platzhaltern

LH S. 5

1 Was ist passiert? Rechne und male.

Am Anfang ... | Dann ... | Am Ende ...

6 − 2 = 4

5 − 4 = 1

2 Ergänze. Die Zahlen ergeben von oben nach unten immer ein Wort.

7 − 2 = 5	E	8 − 6 = 2	T	10 − 2 = 8	R
7 − 7 = 0	I	8 − 7 = 1	E	10 − 7 = 3	E
7 − 3 = 4	S	8 − 4 = 4	E	10 − 6 = 4	H

3 Rechne und verbinde.

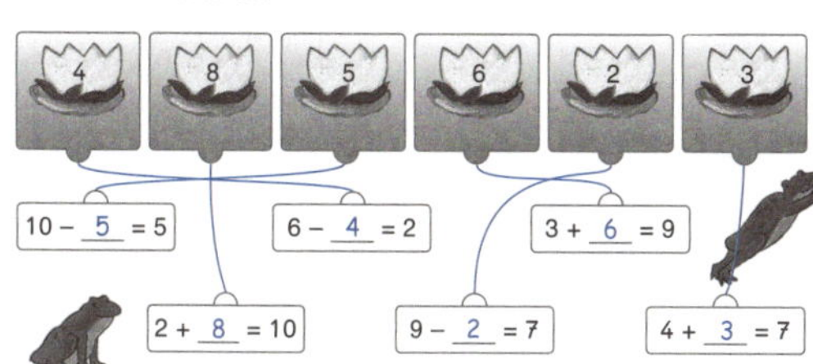

10 − 5 = 5 | 6 − 4 = 2 | 3 + 6 = 9

2 + 8 = 10 | 9 − 2 = 7 | 4 + 3 = 7

25

5 M

Rechnen und malen (LH S. 6)

① Male alle Felder mit einem Ergebnis kleiner als 5 an.

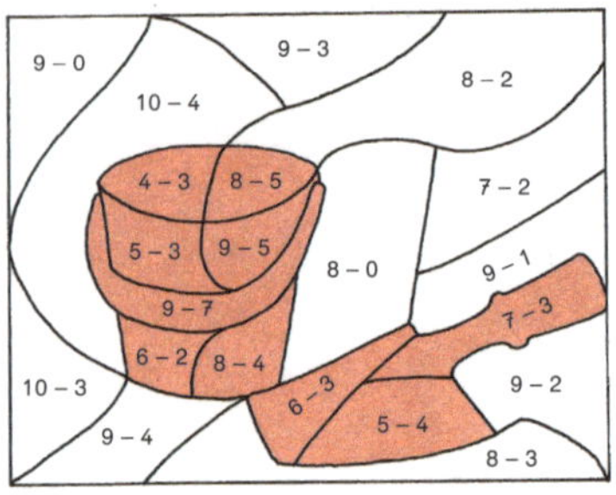

② Immer 1. Rechne und male an: immer die gleiche Farbe für eine Aufgabe.

10 – 9 = 1
9 – 8 = 1
8 – 7 = 1
7 – 6 = 1
6 – 5 = 1
5 – 4 = 1
4 – 3 = 1
3 – 2 = 1
2 – 1 = 1
1 – 0 = 1

Umkehraufgaben (LH S. 6)

① Male und schreibe. Achte auf den Anfang und das Ende.

Am Anfang … Dann … Am Ende …

3 + 6 = 9

9 – 6 = 3

② Welche Zahl steht vorne?

5 + 4 = 9
9 – 4 = 5

8 + 2 = 10
10 – 2 = 8

7 + 2 = 9
9 – 2 = 7

9 – 7 = 2
2 + 7 = 9

9 – 4 = 5
5 + 4 = 9

5 – 3 = 2
2 + 3 = 5

③ Rechne mit der Umkehraufgabe.

2 E

Geschickt rechnen (LH S. 6)

① Mit Überlegen geht es schneller.

10 – 1 = 9	10 – 5 = 5	10 – 9 = 1
9 – 2 = 7	8 – 4 = 4	10 – 7 = 3
8 – 3 = 5	6 – 3 = 3	10 – 5 = 5
7 – 4 = 3	4 – 2 = 2	10 – 3 = 7
6 – 5 = 1	2 – 1 = 1	10 – 1 = 9
Immer – 2	Immer – 1	Immer + 2

② Gleiches Ergebnis – gleiche Farbe. Setze fort und male an.

Aufgaben mit gleichem Ergebnis haben die gleiche Farbe.

③ Rechne geschickt.

–	3	2	1
9	6	7	8
4	1	2	3
3	0	1	2

0, 1, 1, 2, 2, 3, 6̸, 7, 8

–	5	4	3
6	1	2	3
8	3	4	5
10	5	6	7

1, 2, 3, 3, 4, 5, 5, 6, 7

+	1	5
4	5	9
5	6	10
3	4	8

4, 5, 5, 5, 9, 10

④ Die Umkehraufgabe hilft dir.

4 – 1 = 3	2 + 3 = 5	7 – 4 = 3
5 – 2 = 3	3 + 3 = 6	8 – 5 = 3
6 – 3 = 3	4 + 3 = 7	9 – 6 = 3

Lösungswort:

5	4	7
F	E	E

Rechnen am Zahlenstrahl (LH S. 6)

① Wie springt Emma? Rechne.

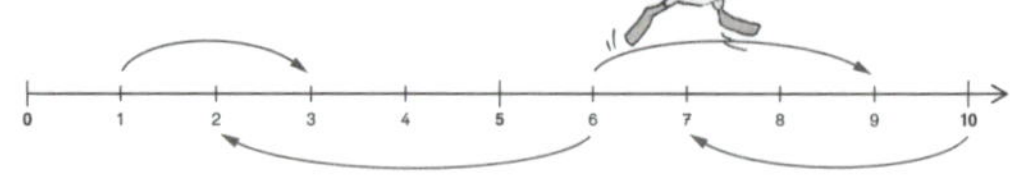

1 + 2 = 3
6 + 3 = 9
1, 2, 3, 3, 6, 9

6 – 4 = 2
10 – 3 = 7
2, 3, 4, 6, 7, 10

② Wie heißt das Ergebnis? Zeichne und rechne. 4, 4, 6, 10

a) 3 + 7 = 10
10 – 6 = 4

b) 0 + 6 = 6
8 – 4 = 4

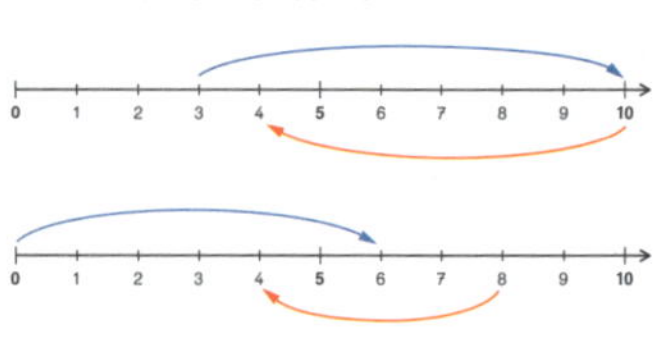

③ Wie springt Paul? Zeichne und rechne.

a) 2 + 5 = 7
8 – 6 = 2

b) 1 + 7 = 8
7 – 4 = 3

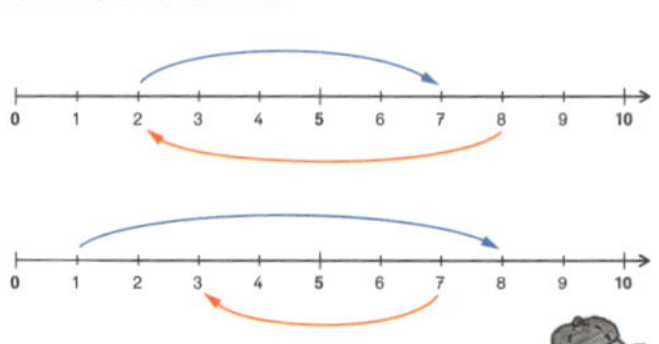

Jede Lösungszahl steht für einen Buchstaben.
Wie heißt das Lösungswort?

5	6	7	4
M	O	N	D

Puzzle: Rechnen mit Minus

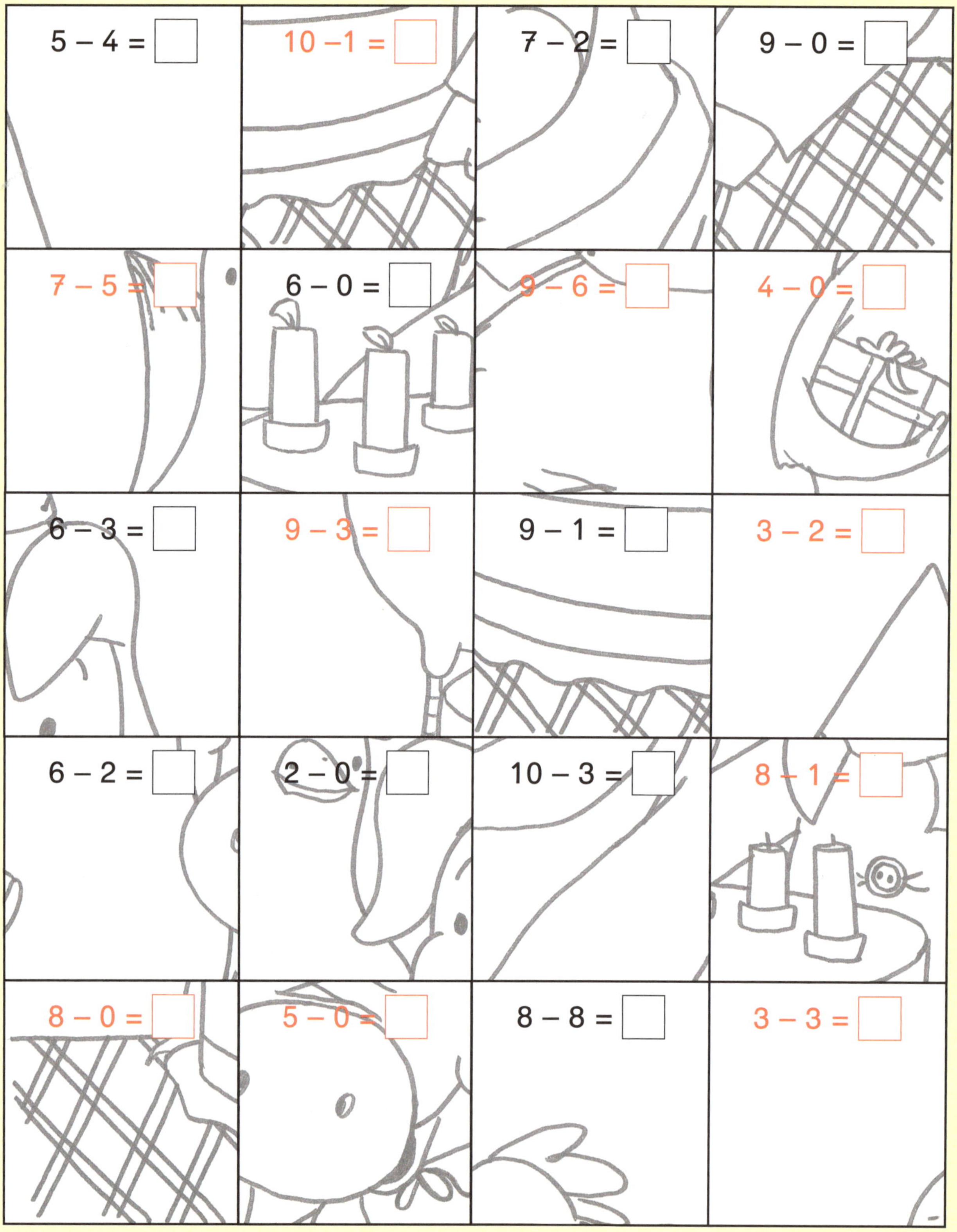

So geht's:

- Löse alle Aufgaben und schneide die 20 Puzzleteile aus.
- Ordne die Puzzleteile nach der Größe der Ergebnisse (von 0 bis 9), immer abwechselnd ein rotes und ein schwarzes Puzzleteil.
- Lege immer vier Puzzleteile nebeneinander. Setze darunter deine Reihen fort.
- Wenn du alles richtig gemacht hast, siehst du zwei Tiere.

Domino: Plus und Minus bis 10

(zum Herausnehmen die mittlere Klammer lösen)

So geht's:

- Schneide alle 14 Dominostreifen aus.
- Beginne mit der Aufgabe auf dem Start-Streifen und suche dazu das passende Ergebnis.
- Auf diesem Dominostreifen steht auch die nächste Aufgabe.
- Wenn du alles richtig gemacht hast, gibt es eine Menge zu entdecken.

Rechenaufgaben finden

LH S. 11

1 Finde zu den Bildern passende Aufgaben und rechne.

2 + 5 = 7 | 5 − 2 = 3 | 7 − 2 = 5

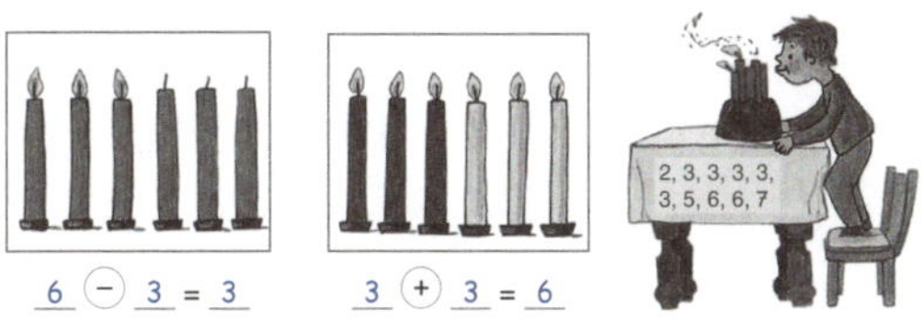

6 (−) 3 = 3 | 3 (+) 3 = 6

2 (+) oder (−)? Ergänze und rechne. Bei (−): Wie viel bleibt übrig?

3 (+) 2 = 5 | 5 (−) 3 = 2 | 5 (−) 2 = 3

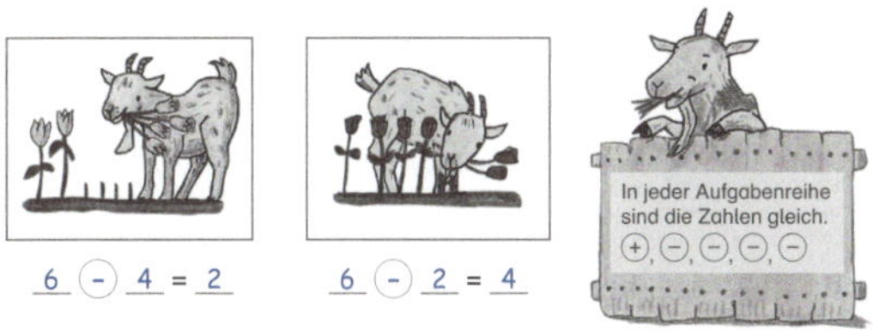

6 (−) 4 = 2 | 6 (−) 2 = 4

8 U

3 Zahlen – 4 Aufgaben

LH S. 11

1 Schreibe zu jedem Streifen 2 Plus- und 2 Minusaufgaben.

4 + 6 = 10 | 10 − 6 = 4
6 + 4 = 10 | 10 − 4 = 6

3 + 7 = 10 | 10 − 7 = 3
7 + 3 = 10 | 10 − 3 = 7

2 + 8 = 10 | 10 − 8 = 2
8 + 2 = 10 | 10 − 2 = 8

Die Reihenfolge der Aufgaben kann auch vertauscht sein.

2 Finde zu den Zahlen alle 4 Aufgaben.

3 + 6 = 9	2 + 7 = 9	4 + 2 = 6
6 + 3 = 9	7 + 2 = 9	2 + 4 = 6
9 − 3 = 6	9 − 2 = 7	6 − 4 = 2
9 − 6 = 3	9 − 7 = 2	6 − 2 = 4

3 Welche verwandte Aufgabe hilft dir?

5 + 4 = 9	9 − 4 = 5
5 + 4 = 9	9 − 4 = 5
4 + 5 = 9	9 − 5 = 4
4 + 5 = 9	9 − 5 = 4

Rechenaufgaben zuordnen

LH S. 11

1 Welche Aufgabe passt zu welchem Bild? Schreibe sie auf.

a: 3 (+) 5 = 8 | b: 6 (+) 2 = 8 | c: 6 (−) 2 = 4

6 + 2 = 8
9 − 1 = 8
3 + 5 = 8
6 − 2 = 4
5 + 3 = 8
7 − 3 = 4
8 − 3 = 5
4 + 4 = 8

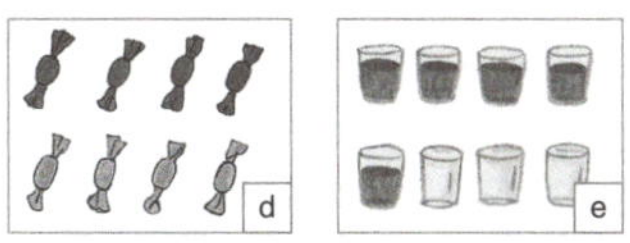

d: 4 (+) 4 = 8 | e: 8 (−) 3 = 5

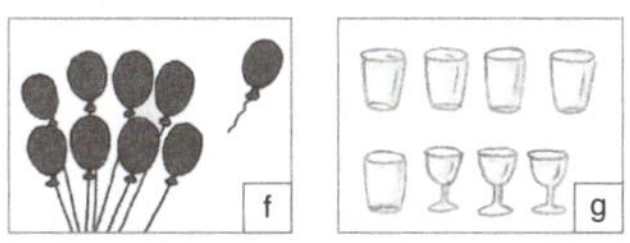

f: 9 (−) 1 = 8 | g: 5 (+) 3 = 8

h: 7 (−) 3 = 4

a	b	c	d	e	f	g	h
3	2	6	4	5	1	8	4
S	C	H	L	A	N	G	E

Lösungswort: SCHLANGE

7 E

Rechengeschichten

LH S. 11

1 a) Zu jedem Bild passt genau eine Aufgabe. Verbinde und rechne aus. **Tipp:** Eine Aufgabe bleibt immer übrig.

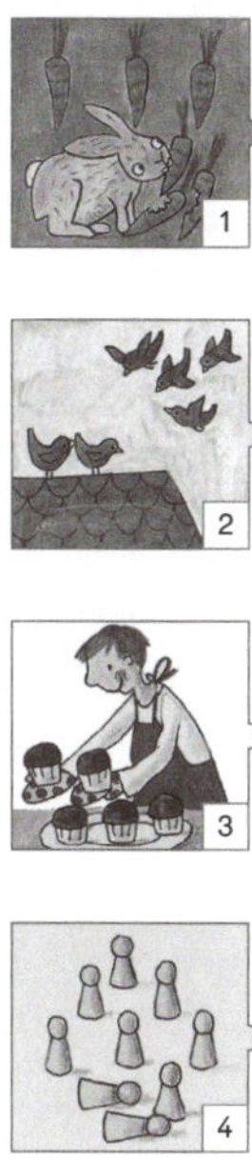

C	6 − 3 = 3	B
S	6 + 3 = 9	O
O	3 + 3 = 6	U
R	6 + 4 = 10	R
I	6 − 4 = 2	T
O	2 + 4 = 6	S
G	3 − 2 = 1	U
M	3 + 2 = 5	L
N	9 − 2 = 7	E
I	7 + 1 = 8	R
E	7 − 1 = 6	O
P	9 − 2 = 7	B

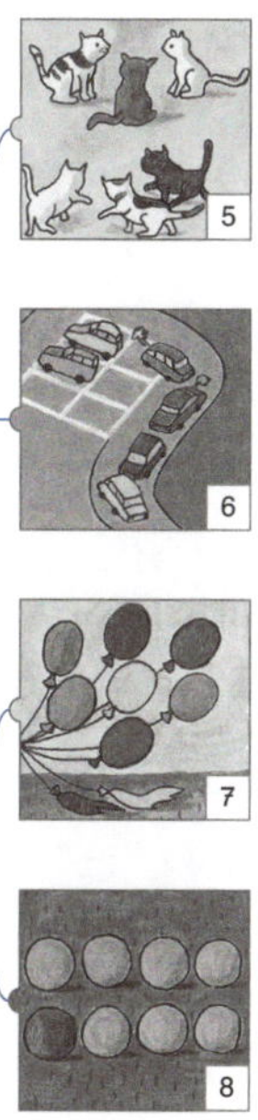

b) Schreibe zu jedem Bild den richtigen Buchstaben.
Welches Lösungswort erhältst du?

1	2	3	4	5	6	7	8
C	O	M	P	U	T	E	R

Plus und Minus mit 3 Zahlen

LH S. 12

① a) Finde passende Aufgaben. Paul hilft dir.

2 + 3 + 1 = 6   6 − 2 − 3 = 1

4 + 1 + 2 = 7   7 − 4 − 1 = 2

b) 3 + 2 + 3 = 8   8 − 3 − 2 = 3
3 + 5 + 1 = 9   9 − 1 − 5 = 3
8 − 4 − 2 = 2   2 + 2 + 4 = 8

2, 3, 3, 8, 8, 9

② 10 gewinnt! Rechne und kreise den Sieger ein.   8, 8, 9, 10

Tim 8 Punkte   Lara 9 Punkte
Max 8 Punkte   Lea 10 Punkte

③ Immer 10. Male die fehlenden Punkte.   2, 3, 4, 4

a) b) c) d)

35

Im Gleichgewicht?

LH S. 12

① Kontrolliere: richtig oder falsch.

8 − 5 < 5 ☺	9 − 4 = 5 ☺	6 + 3 > 6 ☺
4 + 3 > 8 ☹	5 + 4 > 8 ☺	8 − 7 > 0 ☺
1 + 5 > 2 ☺	7 − 6 > 2 ☹	3 + 5 < 9 ☺
10 − 4 = 6 ☺	2 + 7 > 6 ☺	4 + 4 < 8 ☹

8 − 5 < 5
3 < 5
In jedem Päckchen ist eine Aufgabe falsch.

② a) Setze ein: >, < oder =.

9 − 5 > 3	S		6 + 3 = 9	
8 − 6 > 1	P		1 + 5 < 7	
4 + 2 < 8			6 − 2 > 3	I
8 − 5 = 3			3 + 5 > 4	E
7 − 3 = 4			0 + 7 > 4	L

b) Wo hast du > eingesetzt? Schreibe hier den zugehörigen Buchstaben für die Zahl im Farbfeld. Welches Wort erhältst du?

③ Male alle richtigen Lösungsfelder an. Was siehst du?

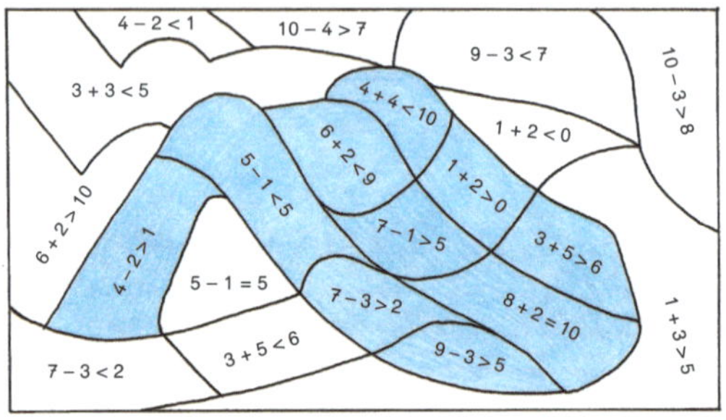

36

Rechenwege und Rechentricks

LH S. 12

① Rechne auf deinem Weg. Die Rechentricks helfen dir. Male die Lampions mit den Ergebnissen bunt an.

Welcher Rechentrick?

Tauschen	Ergänzen	Umkehraufgabe
2 + 6 = 8 6 + 2 = 8	6 + 3 = 9 9 − 6 = 3	2 + 5 = 7 7 − 5 = 2

2 + 6 = 8	6 + 3 = 9	2 + 5 = 7	3 + 5 = 8
1 + 8 = 9	8 + 2 = 10	4 + 5 = 9	4 + 4 = 8
1 + 5 = 6	5 + 4 = 9	3 + 7 = 10	3 + 3 = 6
3 + 7 = 10	4 + 4 = 8	5 + 3 = 8	2 + 8 = 10

Auf den Lampions stehen die Ergebnisse (Farben beliebig).

2 2 3 3 3 4 4 4 4 5 6 8 8 9 10 10

② Mit dem passenden Trick geht es leichter.

Welcher Rechentrick?

Trick mit der 5	Ergänzen	Umkehraufgabe
7 − 5 = 2	10 − 4 = 6 4 + 6 = 10	9 − 6 = 3 3 + 6 = 9

7 − 5 = 2	10 − 4 = 6	9 − 6 = 3	6 − 2 = 4
6 − 5 = 1	7 − 3 = 4	9 − 5 = 4	9 − 5 = 4
8 − 5 = 3	8 − 6 = 2	7 − 6 = 1	7 − 4 = 3
10 − 5 = 5	5 − 3 = 2	7 − 4 = 3	10 − 5 = 5

Auf den Lampions stehen die Ergebnisse (Farben beliebig).

1 2 2 2 3 4 4 4 5 6 7 7 7 9 9 10

37

Übung macht den Meister!

LH S. 12

① Immer drei Aufgaben gehören zu einem Ballon. Male sie mit der gleichen Farbe an.

② Rechne. Verbinde dann die Punkte in der Reihenfolge der Ergebnisse.

a)	b)
10 − 9 = 1	10 − 1 = 9
5 − 1 = 4	8 − 3 = 5
9 − 3 = 6	9 − 2 = 7
10 − 2 = 8	8 − 6 = 2
7 − 4 = 3	5 − 5 = 0

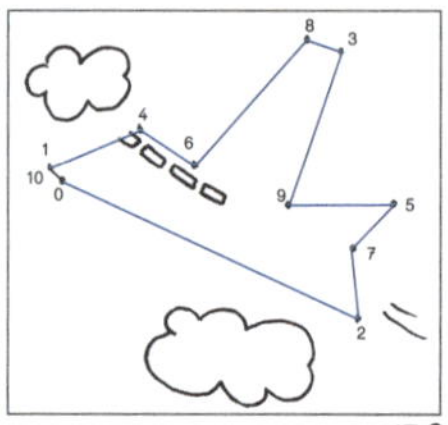

③ Rechne. Schreibe die Ergebnisse und die passenden Buchstaben unter die Aufgaben. Was liest du?

8 − 6	9 − 5	10 − 8	3 + 3	2 + 5	8 − 7	7 − 4	10 − 9	1 + 4
2	4	2	6	7	1	3	1	5
R	E	C	H	E	N	S	P	A	ß

38

Urkunde: Prima, ein super Anfang!

Hier findest du die Lösung zu Seite 9.
Emmas Tipps und Hinweise helfen dir.

Das kann ich schon!

LH S. 13

1 Wie viele sind es? Zähle mit Strichen.

a) 𝍸 b) 𝍸 I c) 𝍸 III d) 𝍸 II

5er-Bündel helfen dir beim Zählen.
→ S. 4

2 (>), (<), oder (=)?

a) 4 (>) 2
4 (>) 3
4 (=) 4

b) 6 (<) 8
8 (>) 6
10 (>) 1

3 Trage ein.

a) 7 > 6 > 5
5 < 6 < 7
7 < 8 < 9

b) 0 < 1 < 2
1 < 2 < 3
3 > 2 > 1

Die kleinere Zahl steht vor (<), die größere Zahl steht vor (>).
→ S. 6

4 Verbinde der Reihe nach.

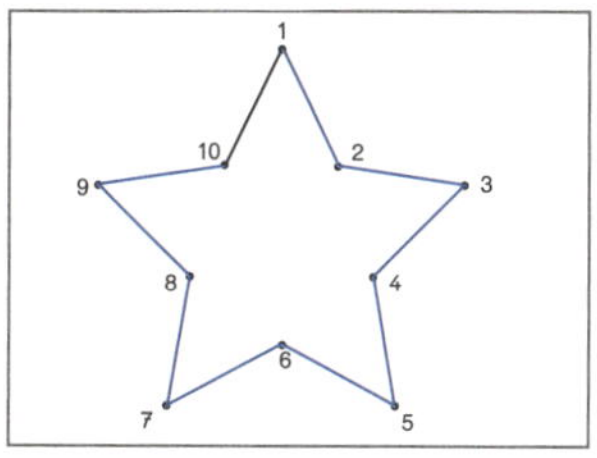

5 Ergänze Vorgänger (V) und Nachfolger (N).

V	Zahl	N
5	6	7
8	9	10
2	3	4
4	5	6
0	1	2

V	Zahl	N
5	6	7
1 weniger		1 mehr

→ S. 7

6 Male passend an.

(rot) 3., 5., 9. Auto
(grün) 2., 8. Auto
(blau) 1., 4., 7. Auto
(gelb) 6., 10. Auto

Das 3. Auto ist nur eines, es sind nicht 3 Autos.
→ S. 8

9

3 A

Überprüfe so:

1

𝍸 ✓ richtig

𝍸 II f falsch

Noch unsicher? Auf diesen Seiten kannst du die Aufgaben noch einmal wiederholen.

Hier findest du die Lösung zu Seite 19.
Emmas Tipps und Hinweise helfen dir.

Das kann ich schon!

LH S. 14

① Immer 6. Zerlege.

0 + 6 | 1 + 5 | 2 + 4
3 + 3 | 6 + 0 | 5 + 1 | 4 + 2

Die Reihenfolge der Aufgaben ist beliebig.

> In jeder Zahl verstecken sich Plusaufgaben.
> → S. 10, 11, 15

② Wie heißen die Rechnungen?

4 + 3 = 7 | 4 + 5 = 9 | 2 + 6 = 8

> Das Bild verrät dir alle Zahlen.
> → S. 12, 13

③ Rechne und schreibe die Tauschaufgabe.

a)
3 + 4 = 7 | 2 + 6 = 8 | 5 + 4 = 9
4 + 3 = 7 | 6 + 2 = 8 | 4 + 5 = 9

b)
5 + 1 = 6 | 2 + 7 = 9 | 4 + 6 = 10
1 + 5 = 6 | 7 + 2 = 9 | 6 + 4 = 10

> Beim Zahlentausch in der Plusaufgabe bleibt das Ergebnis immer gleich.
> → S. 14

④ a) Verdopple.

3	5	1	4	2
6	10	2	8	4

b) Halbiere, wenn möglich.

1	2	3	4	5	6	7	8	9	10
-	1	-	2	-	3	-	4	-	5

> Verdoppeln kannst du immer, halbieren nur bei manchen (geraden) Zahlen.
> → S. 16

⑤ Ergänze.

9
6 | 3
5 | 1 | 2
5 | 0 | 1 | 1

⑥ Rechne.

1 + 1 + 1 = 3
2 + 2 + 2 = 6
4 + 4 + 2 = 10
4 + 3 + 2 = 9

> Rechne in Schritten:
> 1 + 1 + 1
> 2 + 1
> → S. 17, 18

19

1 N

Überprüfe so:

① 

4 + 2 √ richtig
6 + 1 f falsch

Hier findest du die Lösung zu Seite 29.
Emmas Tipps und Hinweise helfen dir.

Das kann ich schon!

LH S. 15

① Wie viel bleibt übrig? Schreibe die Aufgaben und rechne.

6 – 3 = 3

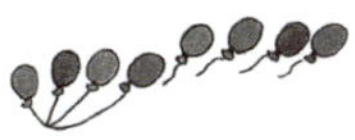

8 – 4 = 4

7 – 2 = 5

Das Bild verrät dir alle Zahlen.
Achte auf die 1. Zahl.
→ S. 20, 22

② Streiche durch und rechne.

10 – 3 = 7   6 – 4 = 2   9 – 5 = 4   7 – 3 = 4

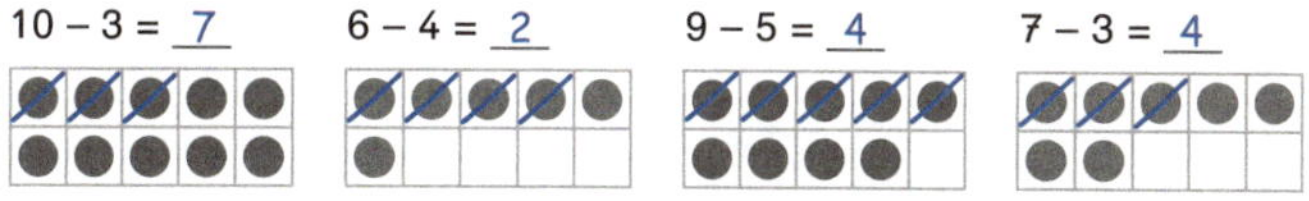

Es wird weniger.
Achte auf die 2. Zahl.
→ S. 21

③ Rechne. Male alle Aufgaben mit dem Ergebnis 4 gelb an.

10 – 7 = 3	6 – 3 = 3	5 – 1 = 4	6 – 2 = 4
9 – 5 = 4	8 – 4 = 4	7 – 4 = 3	8 – 5 = 3

Achte auf die Ergebniszahl.
→ S. 23, 24, 26

④ Aufgabe und Umkehraufgabe: Rechne und verbinde.

8 – 2 = 6	3 + 3 = 6	10 – 2 = 8	6 + 3 = 9
6 – 3 = 3	2 + 5 = 7	9 – 3 = 6	0 + 5 = 5
7 – 5 = 2	6 + 2 = 8	5 – 5 = 0	4 + 4 = 8
5 – 2 = 3	3 + 2 = 5	8 – 4 = 4	8 + 2 = 10

Aufgabe und Umkehraufgabe haben immer die gleichen Zahlen.
→ S. 27

⑤ Mit Überlegen geht es schneller.

8 – 5 = 3	10 – 8 = 2	8 – 2 – 2 = 4
10 – 5 = 5	9 – 7 = 2	8 – 3 – 3 = 2
7 – 5 = 2	8 – 6 = 2	8 – 4 – 4 = 0

29

7 N

Die Plusaufgabe hilft dir.
Rechne schrittweise.
→ S. 25, 27, 28, 22

Überprüfe so:

② 10 – 3 = 7   √ richtig

10 – 3 = 4   f falsch

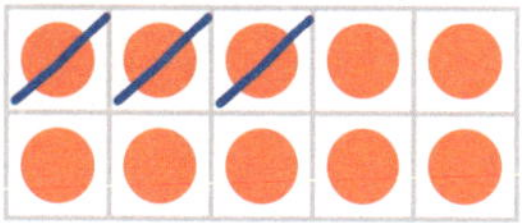

Noch unsicher?
Auf diesen Seiten
kannst du die Aufgaben
noch einmal wiederholen.

Hier findest du die Lösung zu Seite 39.
Emmas Tipps und Hinweise helfen dir.

Das kann ich schon!

LH S. 16

① Schreibe die passenden Aufgaben und rechne.

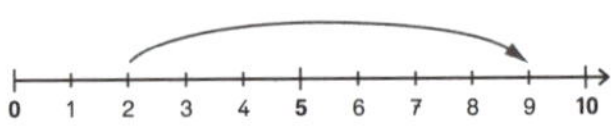

2 (+) 7 = 9

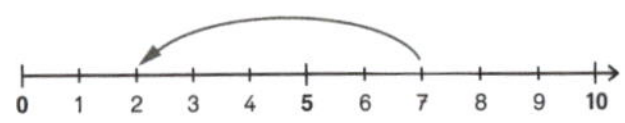

7 (−) 5 = 2

Pfeil nach rechts: (+)
Pfeil nach links: (−)
→ S. 30

② Was passt zusammen? Male an in der Farbe des Bildrahmens.

5 − 3 = 2	2 + 3 = 5
5 + 2 = 7	3 − 2 = 1
5 − 2 = 3	3 + 2 = 5

Hinzu: (+)
Weg: (−)
→ S. 31, 33, 34

③ Bilde vier verschiedene Aufgaben mit diesen Zahlen.

3 + 4 = 7   7 − 3 = 4
4 + 3 = 7   7 − 4 = 3

Nutze Tausch- und Umkehraufgabe.
→ S. 32

④ Setze ein: (>), (<), (=).

a) 3 + 4 (<) 8   b) 7 (<) 6 + 3   c) 5 + 2 (<) 8
9 − 6 (>) 2   4 (>) 6 − 3   8 − 4 (=) 4

Löse immer erst die Aufgabe.
→ S. 36

⑤ a) 1 + 7 = 8   4 + 6 = 10   0 + 0 = 0
9 − 6 = 3   8 − 7 = 1   10 − 10 = 0

b) 4 + 4 = 8   5 + 5 = 10   3 + 3 = 6
9 − 3 = 6   5 − 4 = 1   9 − 5 = 4

Nutze Rechentricks.
→ S. 37

c) 2 + 3 + 5 = 10   9 − 7 − 1 = 1   8 − 3 + 4 = 9
1 + 5 + 3 = 9   8 − 5 − 2 = 1   6 + 3 − 5 = 4

Rechne schrittweise.
→ S. 35

39

1 N

Überprüfe so:

⑤ a) 1 + 7 = 8   √ richtig
9 − 6 = 4   f falsch

Noch unsicher?
Auf diesen Seiten
kannst du die Aufgaben
noch einmal wiederholen.

① Emma nimmt immer 3 weg. Wie viele sind es jetzt?

② Streiche durch und rechne.

4 – 3 = ___

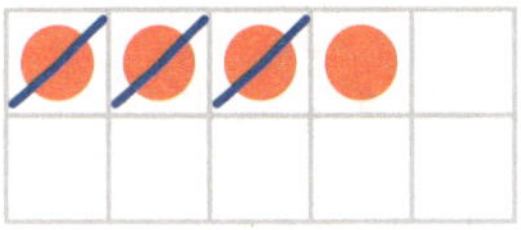

10 – 4 = ___

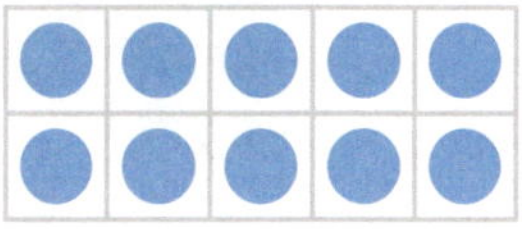

8 – 1 = ___

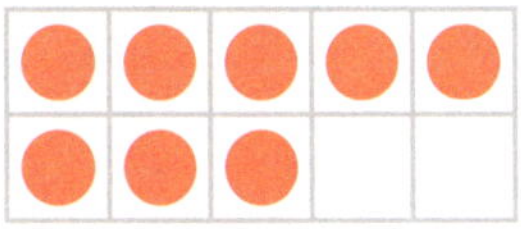

3 – 3 = ___

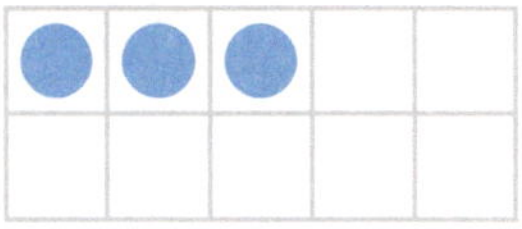

7 – 5 = ___

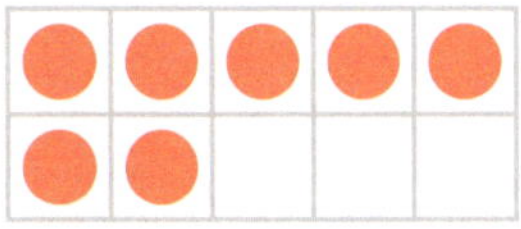

9 – 4 = ___

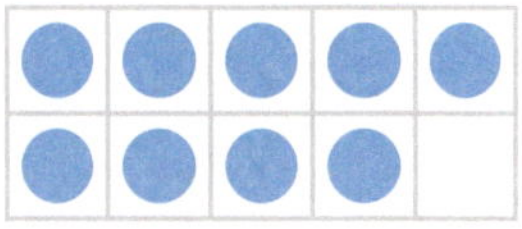

③ Male, streiche durch und rechne.

5 – 3 = ___

10 – 8 = ___

6 – 4 = ___

Das Ergebnis ist immer gleich.

① Wie viel bleibt übrig? Schreibe passende Aufgaben zum Bild.

 ___ – ___ = ___

 ___ – ___ = ___

 ___ – ___ = ___

 ___ – ___ = ___

 ___ – ___ = ___

 ___ – ___ = ___

1, 2, 3, 3, 4, 5, 5, 6, 7

1, 2, 3, 4, 4, 5, 6, 6, 9

② Für Mathe-Profis! Rechne in Schritten.

9 – 2 – 4 = ___

8 – 2 – 4 = ___

7 – 2 – 4 = ___

7 – 1 – 1 = ___

7 – 2 – 1 = ___

7 – 3 – 1 = ___

7 – 2
10 – 6
8 – 4
9 – 3
4 – 1
6 – 3
3 – 0
4 – 3
9 – 7
9 – 5
7 – 4
5 – 1
9 – 6
7 – 3
10 – 2
6 – 2
8 – 1
Ich sammle nur Blumen mit dem Ergebnis **3**. Male sie rot an.
Emma hat 1 Blume mehr. 6 Blumen bleiben weiß.
5 – 2
3
4 – 0
4
Meine Blumen haben das Ergebnis **4**. Male sie blau an.

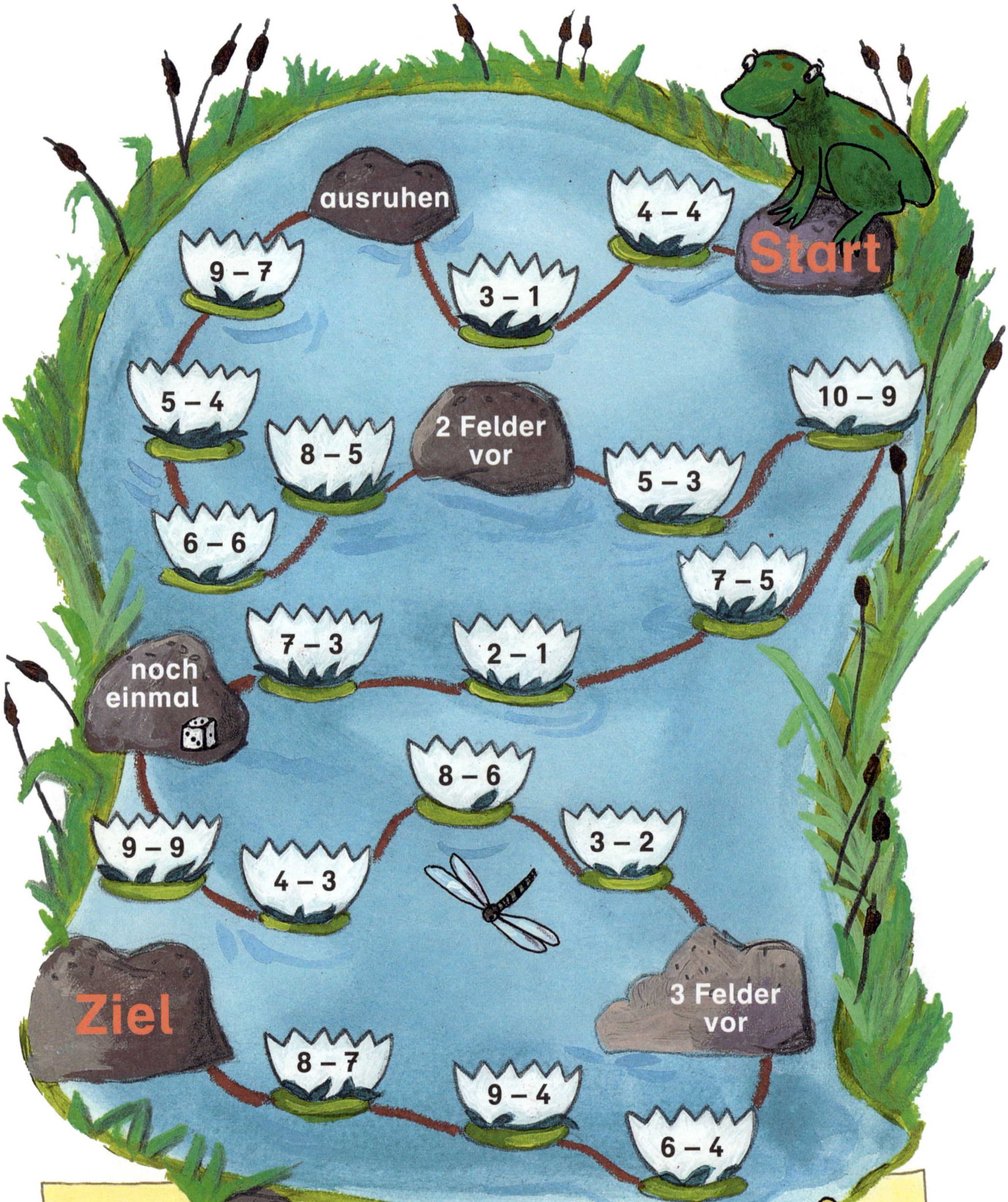

So geht's:

- Würfle. Setze der Augenzahl entsprechend vor.
- Löse im erreichten Feld die Aufgabe.
- Gehe so viele Felder zurück, wie das Ergebnis angibt.
- Würfle wieder.
- Wie viele Würfe brauchst du bis ins Ziel?

Mache hier für jeden Wurf einen Strich: ______

Tipp: Spiele auch mit mehreren Kindern. Wer erreicht als Erster das Ziel?

1 Was ist passiert? Rechne und male.

Am Anfang … | Dann … | Am Ende …

?

6 – ___ = ___

?

___ – ___ = ___

2 Ergänze. Die Zahlen ergeben von oben nach unten immer ein Wort.

7 – 2 = 5	E
7 – ☐ = 0	☐
7 – ☐ = 4	☐

8 – ☐ = 2	☐
8 – ☐ = 1	☐
8 – ☐ = 4	☐

10 – ☐ = 8	☐
10 – ☐ = 3	☐
10 – ☐ = 4	☐

3 Rechne und verbinde.

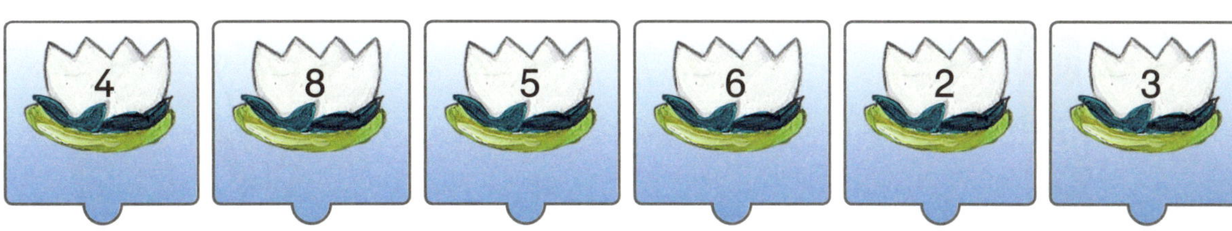

10 – ___ = 5 | 6 – ___ = 2 | 3 + ___ = 9

2 + ___ = 10 | 9 – ___ = 7 | 4 + ___ = 7

1 Male alle Felder mit einem Ergebnis kleiner als 5 an.

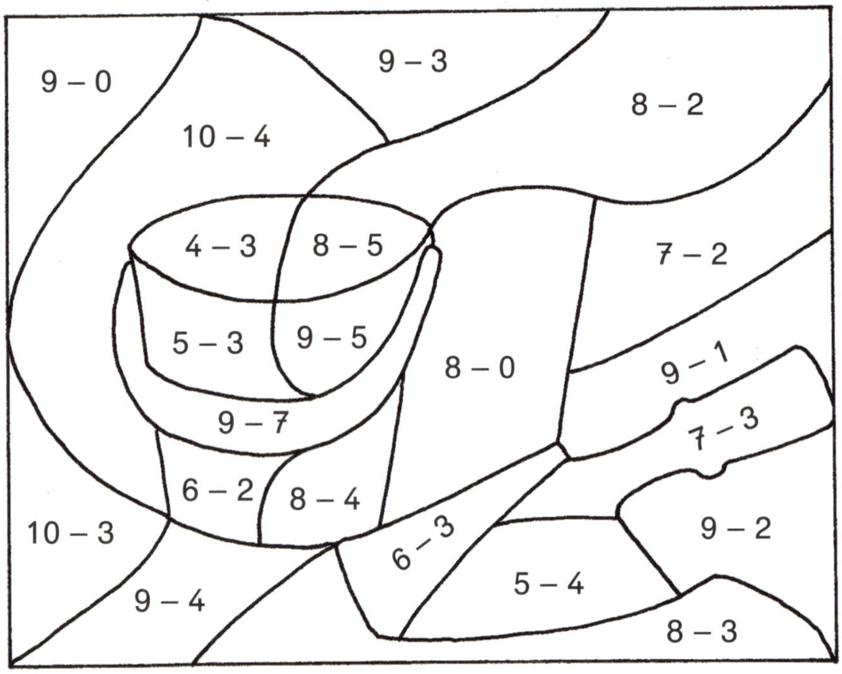

2 Immer 1. Rechne und male an:
immer die gleiche Farbe für eine Aufgabe.

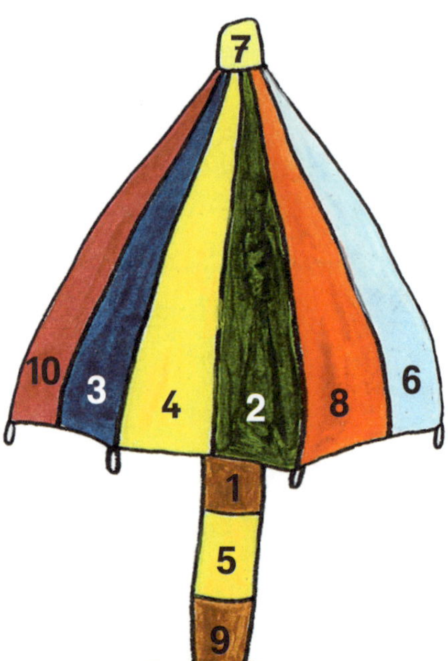

10 – 9 = 1
9 – ___ = 1
8 – ___ = 1
___ – ___ = 1
___ – ___ = 1
___ – ___ = 1
___ – ___ = 1
___ – ___ = 1
___ – ___ = 1
___ – ___ = 1

Umkehraufgaben

1 Male und schreibe. Achte auf den Anfang und das Ende.

Am Anfang … ?

Dann …

Am Ende …

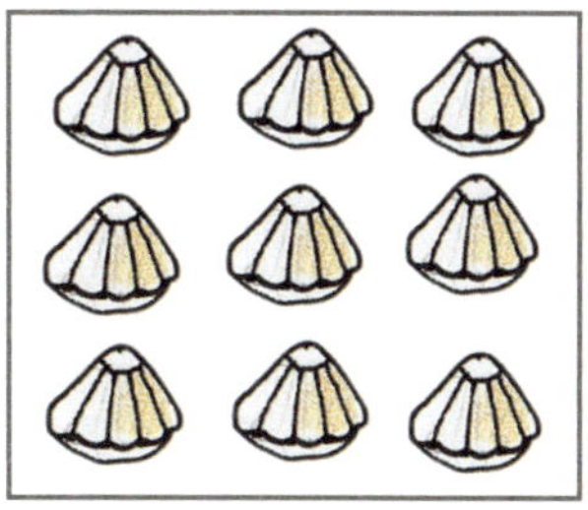

___ + ___ = ___

___ − ___ = ___

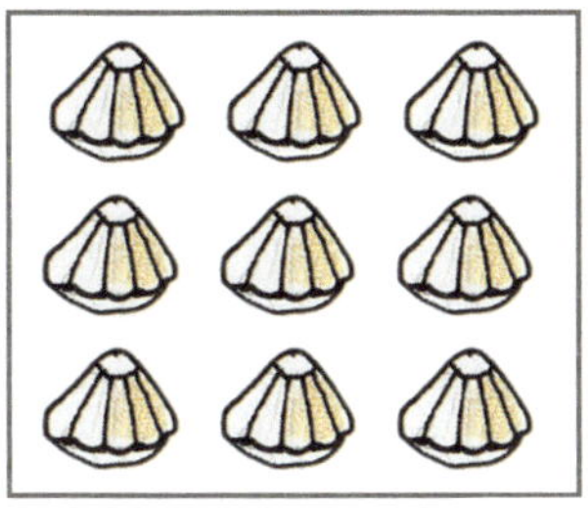

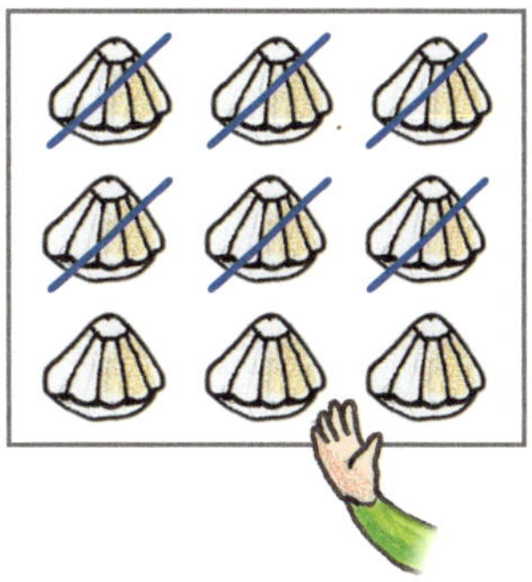

?

2 Welche Zahl steht vorne?

___ + 4 = 9
9 − 4 = ___

___ + 2 = 10
___ − 2 = ___

___ + 2 = 9
___ − ___ = ___

___ − 7 = 2
2 + 7 = ___

___ − 4 = 5
___ + 4 = ___

___ − 3 = 2
___ + ___ = ___

3 Rechne mit der Umkehraufgabe.

1 Mit Überlegen geht es schneller.

10 – 1 = ___	10 – 5 = ___	10 – 9 = ___
9 – 2 = ___	8 – 4 = ___	10 – 7 = ___
8 – 3 = ___	6 – 3 = ___	10 – 5 = ___
7 – 4 = ___	4 – 2 = ___	10 – 3 = ___
6 – 5 = ___	2 – 1 = ___	10 – 1 = ___

2 Gleiches Ergebnis – gleiche Farbe. Setze fort und male an.

9 – 2 = ___	7 – 2 = ___	10 – 1 – 1 = ___
9 – 3 = ___	8 – 2 = ___	10 – 2 – 2 = ___
9 – ___ = ___	9 – ___ = ___	10 – ___ – ___ = ___
___ – ___ = ___	___ – ___ = ___	___ – ___ – ___ = ___

Eine Farbe kommt nur einmal vor.

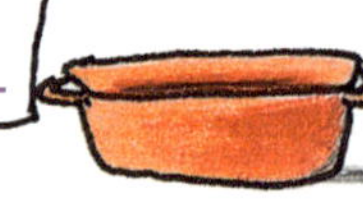

3 Rechne geschickt.

–	3	2	1
9	6		
4			
3			

0, 1, 1, 2, 2, 3, ~~6~~, 7, 8

–	5	4	3
6			
8			
10			

1, 2, 3, 3, 4, 5, 5, 6, 7

+	1	
4		
	6	
3		8

4, 5, 5, 5, 9, 10

4 Die Umkehraufgabe hilft dir.

☐ – 1 = 3	☐ + 3 = 5	☐ – 4 = 3
☐ – 2 = 3	☐ + 3 = 6	☐ – 5 = 3
☐ – 3 = 3	☐ + 3 = 7	☐ – 6 = 3

Lösungswort: ☐ ☐ ☐

___ ___ ___

① Wie viel bleibt übrig? Schreibe die Aufgaben und rechne.

___ – ___ = ___

___ – ___ = ___

___ – ___ = ___

② Streiche durch und rechne.

10 – 3 = ___

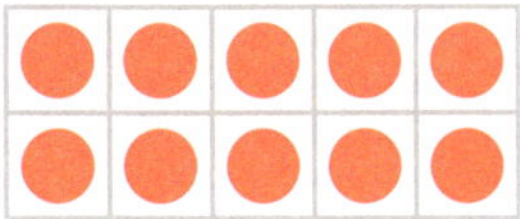

6 – 4 = ___

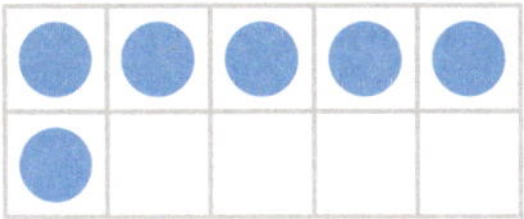

9 – 5 = ___

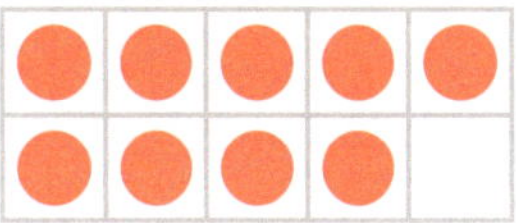

7 – 3 = ___

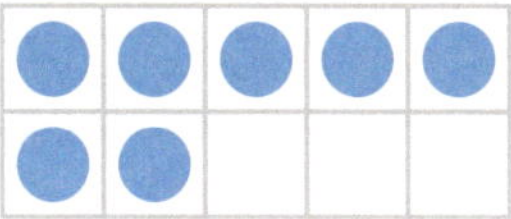

③ Rechne. Male alle Aufgaben mit dem Ergebnis 4 gelb an.

10 – 7 = ___	6 – 3 = ___	5 – 1 = ___	6 – 2 = ___
9 – 5 = ___	8 – 4 = ___	7 – 4 = ___	8 – 5 = ___

④ Aufgabe und Umkehraufgabe: Rechne und verbinde.

8 – 2 = ___	3 + 3 = ___	10 – 2 = ___	6 + 3 = ___
6 – 3 = ___	2 + 5 = ___	9 – 3 = ___	0 + 5 = ___
7 – 5 = ___	6 + 2 = ___	5 – 5 = ___	4 + 4 = ___
5 – 2 = ___	3 + 2 = ___	8 – 4 = ___	8 + 2 = ___

⑤ Mit Überlegen geht es schneller.

8 – ___ = 3	___ – 8 = 2	8 – 2 – 2 = ___
10 – ___ = 5	___ – 7 = 2	8 – 3 – 3 = ___
7 – ___ = 2	___ – 6 = 2	8 – 4 – 4 = ___

LH S. 6

① Wie springt Emma? Rechne.

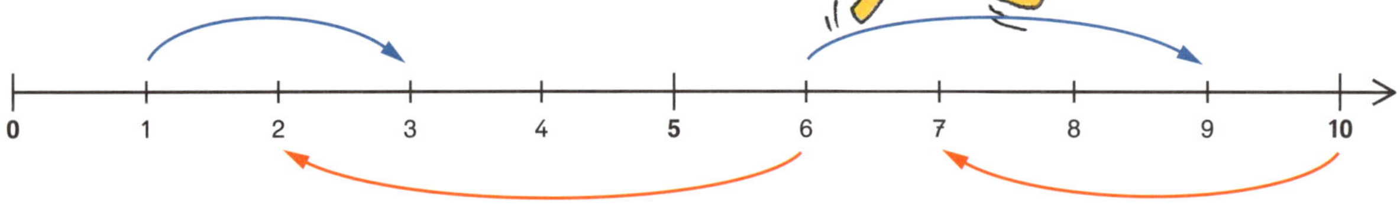

___ + ___ = ___

___ + ___ = ___

1, 2, 3, 3, 6, 9

___ − ___ = ___

___ − ___ = ___

2, 3, 4, 6, 7, 10

② Wie heißt das Ergebnis? Zeichne und rechne.

4, 4, 6, 10

a) 3 + 7 = ___

10 − 6 = ___

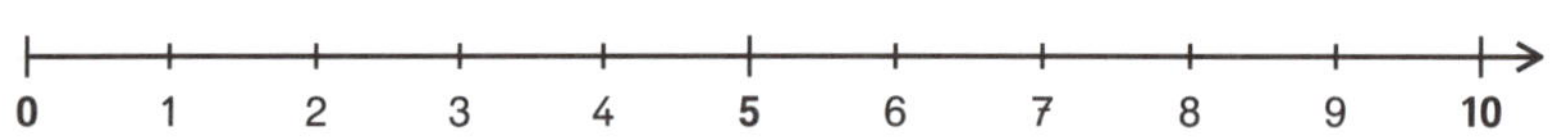

b) 0 + 6 = ___

8 − 4 = ___

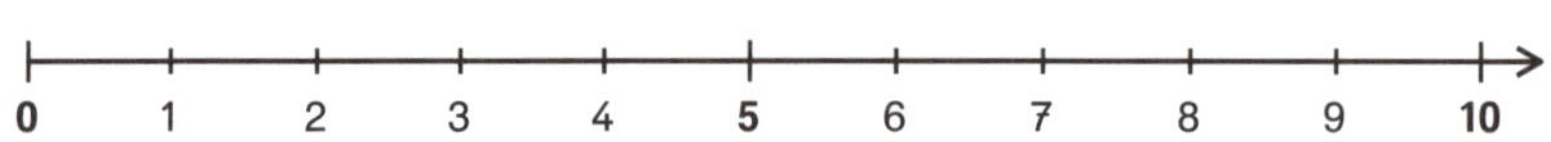

③ Wie springt Paul? Zeichne und rechne.

a) 2 + ☐ = 7

8 − ☐ = 2

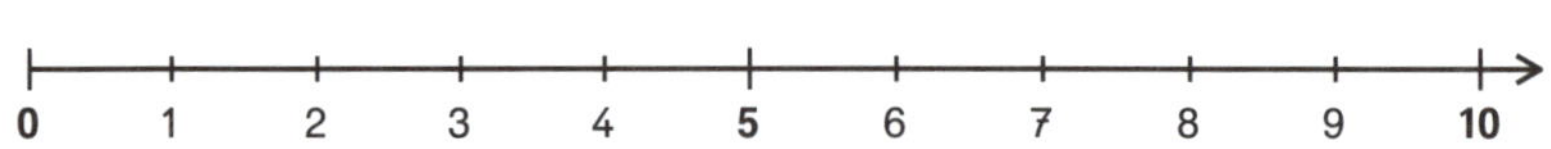

b) 1 + ☐ = 8

7 − ☐ = 3

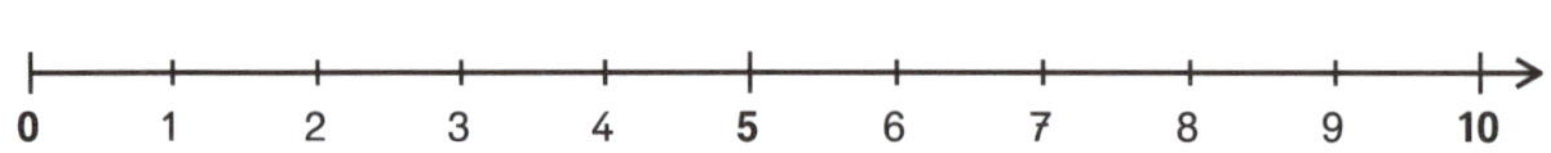

Jede Lösungszahl steht für einen Buchstaben.
Wie heißt das Lösungswort?

☐ ☐ ☐ ☐

___ ___ ___ ___

① Finde zu den Bildern passende Aufgaben und rechne.

2 + 5 = ___

5 – 2 = ___

7 – ___ = ___

___ (–) ___ = ___

___ (+) ___ = ___

② (+) oder (–)? Ergänze und rechne. Bei (–): Wie viel bleibt übrig?

3 ◯ 2 = ___

5 ◯ ___ = ___

5 ◯ ___ = ___

___ ◯ ___ = ___

___ ◯ ___ = ___

① Schreibe zu jedem Streifen 2 Plus- und 2 Minusaufgaben.

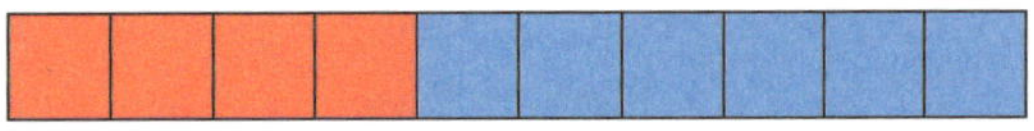

4 + 6 = 10 10 – ___ = ___

6 + 4 = 10 ___ – ___ = ___

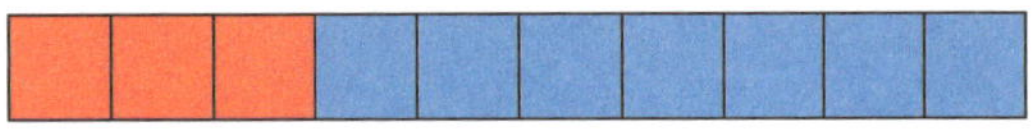

___ + ___ = ___ ___ – ___ = ___

___ + ___ = ___ ___ – ___ = ___

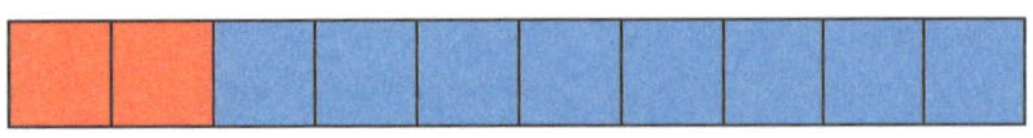

___ + ___ = ___ ___ – ___ = ___

___ + ___ = ___ ___ – ___ = ___

② Finde zu den Zahlen alle 4 Aufgaben.

3 + 6 = 9

6 + 3 = 9

9 – ___ = ___

9 – ___ = ___

2 + ___ = ___

7 + ___ = ___

___ – 2 = ___

___ – ___ = ___

___ + ___ = ___

___ + ___ = ___

___ – ___ = ___

___ – ___ = ___

③ Welche verwandte Aufgabe hilft dir?

___ + 4 = 9	___ – 4 = 5
5 + ___ = 9	9 – ___ = 5
___ + 5 = 9	___ – 5 = 4
4 + ___ = 9	9 – ___ = 4

1 Welche Aufgabe passt zu welchem Bild? Schreibe sie auf.

3 ◯ ___ = ___

___ ◯ ▢ = ___

▢ ◯ ___ = ___

6 + 2 = 8

9 – 1 = 8

3 + 5 = 8

6 – 2 = 4

5 + 3 = 8

7 – 3 = 4

8 – 3 = 5

4 + 4 = 8

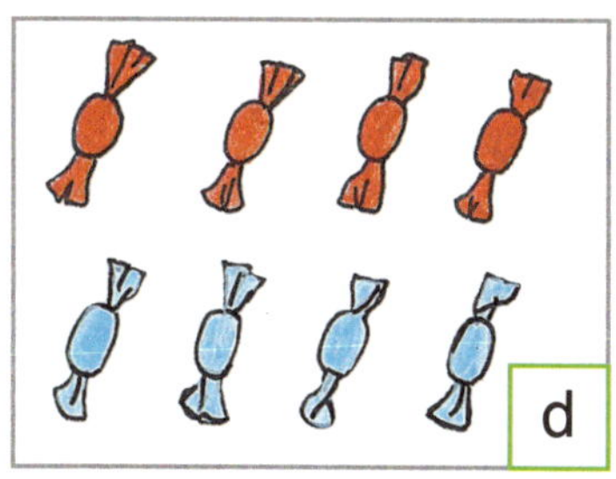

___ ◯ ▢ = ___

___ ◯ ___ = ▢

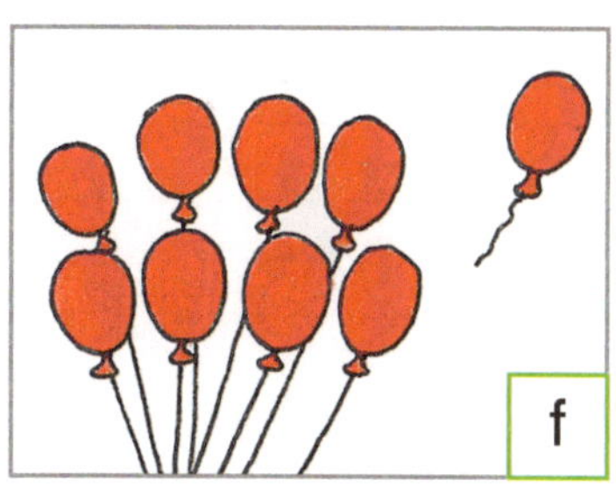

___ ◯ ▢ = ___

___ ◯ ___ = ▢

___ ◯ ___ = ▢

a	b	c	d	e	f	g	h
3							

Lösungswort: S ___ ___ ___ ___ ___ ___ ___

1 a) Zu jedem Bild passt genau eine Aufgabe. Verbinde und rechne aus. **Tipp:** Eine Aufgabe bleibt immer übrig.

1

C | 6 – 3 = ___ | B

S | 6 + 3 = ___ | O

O | 3 + 3 = ___ | U

5

2

R | 6 + 4 = ___ | R

I | 6 – 4 = ___ | T

O | 2 + 4 = ___ | S

6

3

G | 3 – 2 = ___ | U

M | 3 + 2 = ___ | L

N | 9 – 2 = ___ | E

7

4

I | 7 + 1 = ___ | R

E | 7 – 1 = ___ | O

P | 9 – 2 = ___ | B

8

b) Schreibe zu jedem Bild den richtigen Buchstaben. Welches Lösungswort erhältst du?

1	2	3	4	5	6	7	8
C							

1 a) Finde passende Aufgaben. Paul hilft dir.

2 + 3 + 1 = ___

6 – 2 – 3 = ___

___ + ___ + ___ = ___

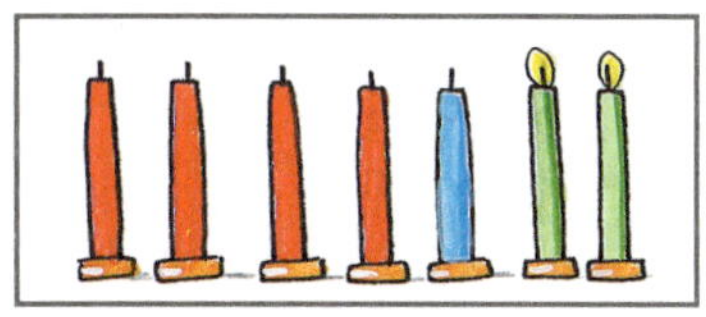

___ – ___ – ___ = ___

b) 3 + 2 + 3 = ___

3 + 5 + 1 = ___

8 – 4 – 2 = ___

8 – 3 – 2 = ___

9 – 1 – 5 = ___

2 + 2 + 4 = ___

2 10 gewinnt! Rechne und kreise den Sieger ein.

8, 8, 9, 10

Tim  ___ Punkte

Lara 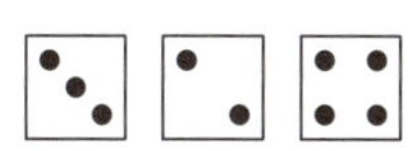 ___ Punkte

Max 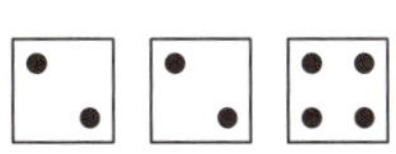 ___ Punkte

Lea 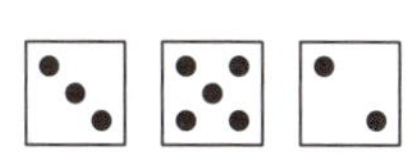 ___ Punkte

3 Immer 10. Male die fehlenden Punkte.

a) 

b) 

c) 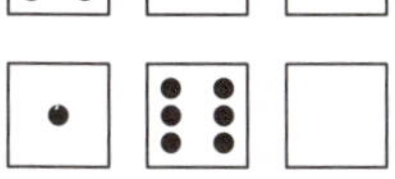

d) 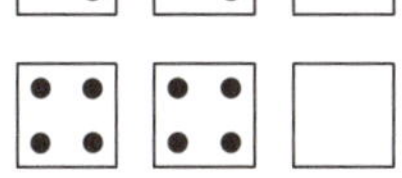

Im Gleichgewicht?

① Kontrolliere: richtig oder falsch.

8 – 5 < 5 ☺	9 – 4 = 5	6 + 3 > 6
4 + 3 > 8	5 + 4 > 8	8 – 7 > 0
1 + 5 > 2	7 – 6 > 2	3 + 5 < 9
10 – 4 = 6	2 + 7 > 6	4 + 4 < 8

8 – 5 < 5
3 < 5

In jedem Päckchen ist eine Aufgabe falsch.

② a) Setze ein: (>), (<) oder (=).

9 – 5 (>) 3	S		6 + 3 ( ) 9	
8 – 6 ( ) 1			1 + 5 ( ) 7	
4 + 2 ( ) 8			6 – 2 ( ) 3	
8 – 5 ( ) 3			3 + 5 ( ) 4	
7 – 3 ( ) 4			0 + 7 ( ) 4	

b) Wo hast du (>) eingesetzt? Schreibe hier den zugehörigen Buchstaben für die Zahl im Farbfeld. Welches Wort erhältst du?

③ Male alle richtigen Lösungsfelder an. Was siehst du?

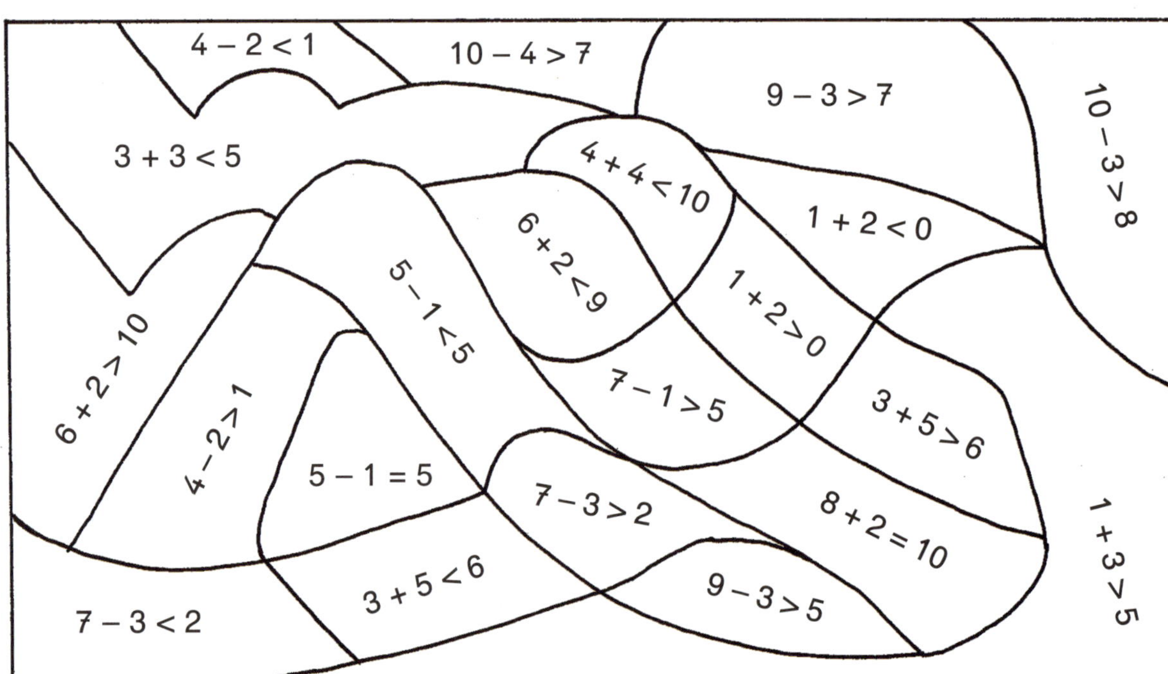

① Rechne auf deinem Weg. Die Rechentricks helfen dir.
Male die Lampions mit den Ergebnissen bunt an.

Tauschen	Ergänzen	Umkehraufgabe
2 + 6 = 8	6 + ___ = 9	___ + 5 = 7
6 + 2 = 8	9 – 6 = ___	7 – 5 = ___

2 + 6 = ___	6 + ___ = 9	___ + 5 = 7	3 + 5 = ___
1 + 8 = ___	8 + ___ = 10	___ + 5 = 9	___ + 4 = 8
1 + 5 = ___	5 + ___ = 9	___ + 7 = 10	3 + ___ = 6
3 + 7 = ___	4 + ___ = 8	___ + 3 = 8	2 + 8 = ___

② Mit dem passenden Trick geht es leichter.

Trick mit der 5	Ergänzen	Umkehraufgabe
7 – 5 = ___	10 – 4 = ___	___ – 6 = 3
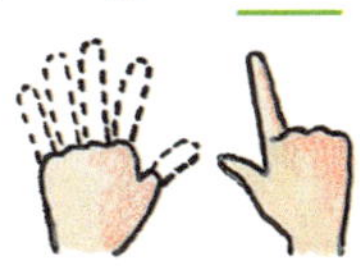	4 + ___ = 10	3 + 6 = ___

7 – 5 = ___	10 – 4 = ___	___ – 6 = 3	6 – 2 = ___
6 – 5 = ___	7 – 3 = ___	___ – 5 = 4	9 – 5 = ___
8 – 5 = ___	8 – 6 = ___	___ – 6 = 1	___ – 4 = 3
10 – 5 = ___	5 – 3 = ___	___ – 4 = 3	___ – 5 = 5

① Immer drei Aufgaben gehören zu einem Ballon.
Male sie mit der gleichen Farbe an.

② Rechne. Verbinde dann die Punkte in der Reihenfolge der Ergebnisse.

a) 10 – 9 = ___
5 – 1 = ___
9 – 3 = ___
10 – 2 = ___
7 – 4 = ___

b) 10 – 1 = ___
8 – 3 = ___
9 – 2 = ___
8 – 6 = ___
5 – 5 = ___

③ Rechne. Schreibe die Ergebnisse und die passenden Buchstaben unter die Aufgaben. Was liest du?

8 – 6	9 – 5	10 – 8	3 + 3	2 + 5	8 – 7	7 – 4	10 – 9	1 + 4	
2									
R									ß

1 Schreibe die passenden Aufgaben und rechne.

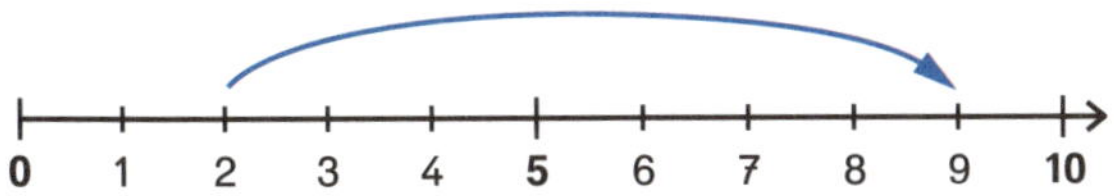

___ ◯ ___ = ___

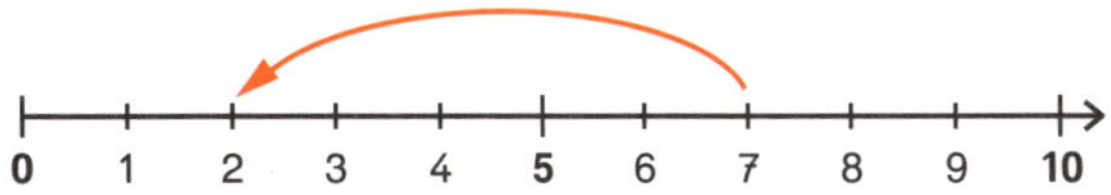

___ ◯ ___ = ___

2 Was passt zusammen? Male an in der Farbe des Bildrahmens.

5 − 3 = 2	2 + 3 = 5
5 + 2 = 7	3 − 2 = 1
5 − 2 = 3	3 + 2 = 5

3 Bilde vier verschiedene Aufgaben mit diesen Zahlen.

7 3 4

___ + ___ = ___   ___ − ___ = ___

___ + ___ = ___   ___ − ___ = ___

4 Setze ein: (>), (<), (=).

a) 3 + 4 ◯ 8   b) 7 ◯ 6 + 3   c) 5 + 2 ◯ 8

9 − 6 ◯ 2   4 ◯ 6 − 3   8 − 4 ◯ 4

5 a) 1 + 7 = ___   4 + 6 = ___   0 + 0 = ___

9 − 6 = ___   8 − 7 = ___   10 − 10 = ___

b) 4 + 4 = ___   5 + 5 = ___   3 + 3 = ___

9 − 3 = ___   5 − 4 = ___   9 − 5 = ___

c) 2 + 3 + 5 = ___   9 − 7 − 1 = ___   8 − 3 + 4 = ___

1 + 5 + 3 = ___   8 − 5 − 2 = ___   6 + 3 − 5 = ___

Streng geheim!

Mit der Drehscheibe kannst du auch geheime Nachrichten an deine Freunde verschlüsseln.
Nur wer den Schlüssel kennt, kann deine Botschaft lesen.

Drehe die Scheibe solange, bis der passende Buchstabe im Sichtfenster erscheint.

Schreibe die Zahl, auf die der rote Pfeil zeigt.
Rot, gelb oder blau? Achte auf die richtige Farbe.

Das Papier ist aus chlorfrei gebleichtem Zellstoff herstellt, ist säurefrei und recyclingfähig.

1. Auflage 2010
Druck 14 13 12 11 10

Umschlagkonzeption: Mendell & Oberer, München
Umschlaggestaltung: Daniela Kropf, Oldenburg
Layout: Melanie Beutel & Alice Wüst
Lektorat: Stefanie Keller
Herstellung: Alice Wüst
Satz: Thomas Werner, München
Illustration: Antje Keidies, Münster; Helga Meyer, Hamburg; Detlef Seidensticker, München
Druck: Himmer AG, Augsburg

ISBN 978-3-637-01021-5

URKUNDE

Seite	5	23	7	25	9		27	11	29
Buchstabe						,			

13	31	15	33	17		35	19	37	21	39	
											G!

dein Name

hat alle Aufgaben im Heft „Rechnen bis 10“ erfolgreich gelöst.

Ort und Datum

Unterschrift

Üben · Drehen · Kontrollieren

Hier übst du im Handumdrehen:

- die Zahlen bis 10
- Plus und Minus im Zahlenraum bis 10
- erste Sachaufgaben

Mit vielen Extras:

- Drehscheibe zur Selbstkontrolle
- Lösungshinweise und Tests
- Rechenspiele und Belohnungsurkunde

Alle wichtigen Inhalte des 1. Schuljahres in 3 Themenheften:

Themenheft 1 2 3
Rechnen bis 20

ISBN 978-3-637-01022-2

Themenheft 1 2 3
Geometrie • Knobel- und Sachaufgaben

ISBN 978-3-637-01023-9

ISBN 978-3-637-01021-5
9 783637 010215